人工智能真好玩

写给孩子的AI科普书

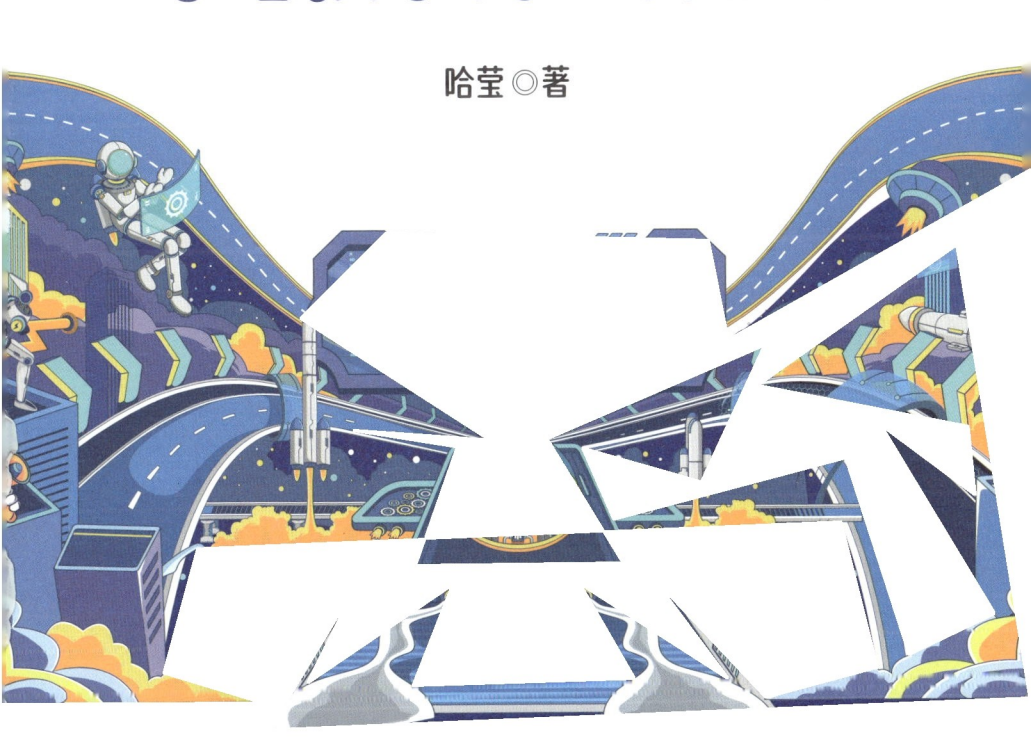

哈莹 ◎ 著

图书在版编目（CIP）数据

人工智能真好玩：写给孩子的 AI 科普书 / 哈莹著 .
北京：机械工业出版社，2025.3. -- ISBN 978-7-111
-77710-6

Ⅰ. TP18-49

中国国家版本馆 CIP 数据核字第 2025MC0952 号

机械工业出版社（北京市百万庄大街 22 号　邮政编码 100037）
策划编辑：李梦娜　　　　　　　　责任编辑：李梦娜
责任校对：李可意　杨　霞　景　飞　责任印制：张　博
北京利丰雅高长城印刷有限公司印刷
2025 年 4 月第 1 版第 1 次印刷
147mm×210mm・9.5 印张・194 千字
标准书号：ISBN 978-7-111-77710-6
定价：69.00 元

电话服务　　　　　　　　　网络服务
客服电话：010-88361066　　机 工 官 网：www.cmpbook.com
　　　　　010-88379833　　机 工 官 博：weibo.com/cmp1952
　　　　　010-68326294　　金　书　网：www.golden-book.com
封底无防伪标均为盗版　　　机工教育服务网：www.cmpedu.com

作者的话

各位家长和小朋友们，你们好！

当你翻开这本书时，你就拿到了一把开启人工智能大门的钥匙。让我们一起去探索人工智能的神奇与绚丽吧！

你接触过人工智能吗？也许你并不确定。

当你和家人在手机上浏览短视频时，发现手机系统总能推送你喜欢的内容，你是否觉得手机仿佛特别了解你？其实，这是人工智能在背后观察、理解和预测你的喜好。它通过分析你在某些视频上停留的时间、点赞和评论等行为来判断你的兴趣，进而推送类似的视频给你。

当你的父母驾车带你外出时，你可能见过汽车在无人操控的情况下自己转动方向盘，甚至可以自动停入车位。这背后也是人工智能的功劳，智能系统通过感知周围环境，实现了对汽车的控制，取代了驾驶员的操作。

在家里，当你想听音乐时，你喊出音箱的名字，它就会播放你喜欢的歌曲。其实，这也是人工智能在帮助你，它识别你的语言，理解你的指令并准确执行。

其实，人工智能早已进入我们的生活。

然而，由于人工智能背后的知识和原理非常复杂，学习它往往显得困难重重，希望这本书能让你以更加轻松、有趣、简明的方式认识和了解人工智能。

即使将来你并不从事与人工智能相关的工作，你也生活在一个充满人工智能的世界里。在智能化的未来，我们与人工智能的关系主要有 4 种：**使用者、竞争者、制造者**和**监督者**。

这 4 种身份分别意味着什么呢？

1. 使用者

我们要做主动的使用者，让人工智能为我们所用。

小美有一只心爱的猫叫小咪。小美每天去学校的时候，最挂念的就是小咪，特别担心它会觉得无聊。

今天，小美放学路上忍不住想看看小咪在家里干什么，于是打开了手机上的摄像头软件。

小咪今天一个人在家,会不会偷偷玩沙发上的抱枕呢?还是在懒洋洋地睡觉呀?让我用摄像头看看它在做什么。

小美盯着屏幕,发现镜头里静悄悄的,小咪不见了!

小主人,我今天跑到摄像头外面啦!你只能看到我的猫爪印啦!

哎呀!小咪不在摄像头前,我看不到它了。我要翻看今天一整天的录像,看看它今天干了什么。

AI 摄像头具备图像分析功能,能够分析拍摄的画面。它可以将宠物出没的镜头在视频进度条中标注出来。

视频播放进度条:

8:00 9:00 10:00 11:00 12:00

▋表示这些时间段有猫咪出没

AI 摄像头太方便啦!我只要将视频播放进度条拖动到标记猫咪出现的时段,就能看到小咪了。

喵,人家偷吃点儿零食,又被小主人发现了。

(使用普通摄像头，人工翻看记录。　(使用 AI 摄像头，自动定位宠物。
　本图由文心一格生成)　　　　　　本图由 DALL·E 3 生成)

小朋友们，这是一个有趣的案例。如果你也想在外面看看家里的宠物，那你知道应该选择哪种摄像头吗？你会使用它的功能吗？

做一个好的使用者，需要具备两种素养：

- 第一，AI 能帮我。在产生某个需求的时候，好的使用者能够想到，此时可以使用 AI 技术来帮助自己。
- 第二，AI 我会用。一个好的使用者能够掌握 AI 技术的使用技巧。

2. 竞争者

AI 可以帮助我们完成很多任务，但这也不可避免地导致人类和 AI 之间产生竞争关系。

例如：

- 你正在阅读的本书中的插图，是由 AI 画师和人类画师共同创作的，他们之间既有合作，也存在竞争。
- 自动驾驶汽车的发展使一些网约车司机的工作面临挑战，引起了许多司机的抗议。
- 在工厂里，许多曾经由人类完成的工作现在都由机器自动完成，导致所需工人的数量大幅减少。

（DALL·E 3 生成）

未来还会有更多的工作，由 AI 来完成。那么——

未来你会选择什么样的专业、什么样的工作，才不会被 AI 替代？

现在你要培养什么样的能力、什么样的思维，才不会被 AI 淘汰？

在本书中，我们会对比人类和 AI 各自擅长的事情，比较人类和 AI 思考的方式，培养你思维的深刻性、灵活性、批判性、独创性，让你在 AI 时代独具竞争力。

3. 制造者

随着 AI 的发展，未来会产生许多与 AI 相关的新职业，你也可能会从事与 AI 产品相关的工作，比如参与人工智能产品的研发设计、生产制造、销售推广等环节。而在这些工作中，最有价值的是那些能够帮助人们解决实际问题的创意工作。

举个例子，未来人口老龄化问题可能会加剧，老年人越来越多。想象一下老年人该如何安享晚年呢？我们可以设计一些 AI 产品，比如：

- AI 管家——帮老人买药、做饭。
- AI 按摩师——帮老人舒缓疲劳、促进血液循环。
- AI 护工——帮行动不便的老人翻身、洗头。

（DALL·E 3 生成）

让我们留心观察生活，发现让生活更美好的需求。学习 AI 基础原理，将技术用于日常生活，创造属于你的 AI 产品雏形吧！

4. 监督者

人工智能的应用会对人类造成伤害吗？

当然，人工智能在带来便利的同时，也潜藏着风险：

- **浪费时间：** 短视频推荐算法对你的喜好了如指掌，常常让人停不下来，耗费了大量时间。
- **以假乱真：** AI 生成的图像愈发逼真，真假难辨，"眼见"不一定为实。
- **限制创造力：** AI 写文章虽然高效工整，但如果过度依赖 AI，人类的创造力就可能逐渐趋于僵化，内容趋于雷同。

因此，在与 AI 互动时要保持警惕：

- **鉴别信息：** 不要认为 AI 说的就一定是对的。至少现阶段，AI 偶尔会"一本正经地胡说八道"。
- **保持独立：** 记住这是 AI 的观点，而非你自己的。与 AI 聊天时，要警惕它可能向你灌输特定观念，甚至影响你的决策。

作为公民，我们有权对不符合"人工智能安全标准"的产品提出整改要求，甚至要求其下架或关闭，以保障我们的安全和权益。

(DALL·E 3 生成)

读完这本书后——

作为 使用者，你将学会识别哪些产品真正应用了 AI 技术。

作为 竞争者，你将了解 AI 擅长的领域，为未来的职业选择提供指引。

作为 制造者，你会在书中跟随角色展开奇思妙想，学习 AI 技术。

作为 监督者，你将看到生活中 AI 技术可能对社会带来的负面影响。

朋友们，AI 技术将在未来更加深入地融入我们的生活，变得越来越常见、越来越智能。

在这个崭新的时代，AI"新物种"的诞生让我们有幸成为历史的见证者，甚至你也可能会成为推动历史前进的创造者！

哈莹

阅读指南

难度建议

在阅读时，你会发现每一节标题旁边有两种不同的图标，它们表示该内容更适合的年龄段（小学生和中学生）。

小学生

中学生

如果某些内容你暂时难以理解，不用着急，也许在未来的某一天，你会突然领悟其中的奥妙。

思维培养

本书中的练习，不仅能帮助我们在阅读时通过输出来巩固输入，还能有效地训练我们多方面的思维能力，如观察能力、分类能力、抽象概括能力、联想思维能力等。

观察能力
抽象概括能力
联想思维能力

在完成这些练习时，不妨关注题目旁的提示语，有意识地进行思维训练哦。

制订计划

读书就像吃饭，既不能不吃，也不能过量。阅读本书时，不要一口气读完。试着"定量阅读"，为自己制订每天的阅读计划。

【阅读计划】

日期	页码范围

可以先浏览一下目录，结合自身情况来安排阅读量，例如：每天读一节，或每天阅读 20 页。

（以上阅读指南的灵感来自晨读会）

主要人物介绍

美乐一家,带你探秘 AI

小美和小乐是幸福的一家人。

有一天,他们惊讶地发现,生活中早已悄悄融入了许多 AI 产品!

在 AI 机器人小智的带领下,他们将一起探索这些智能产品和技术,学会更好地使用 AI,以便有机会迈向 AI 开发者之路。

快来加入他们,一起踏上 AI 的奇妙旅程吧!

小美
提问美少女

小乐
幽默小子

小智
AI 机器人

乐爸
科技产品迷

美妈
美食爱好者

("美乐一家"及关联角色的形象,由插画师"猫骨骨"特别设计)

特别鸣谢

- ♥ 感谢我的爱人对我的支持，他鼓励我完成本书的创作。
- ♥ 感谢迪乐姆创新教育研究院为我提供研究的时间和空间。
- ♥ 感谢为人工智能教育提供学习资料的社会各界。

目录 CONTENTS

作者的话
阅读指南
主要人物介绍
特别鸣谢

1 开门！人工智能来啦 /1

你身边的人工智能 /2
    智能家居   3
    自动驾驶汽车   9
    智能推荐系统   17
    生成式人工智能   19

什么才是人工智能 /26
    图灵测试与中文房间   28
    人工智能与人类智能   31
    人工智能的属性   39
    容易混淆的概念   42

人工智能能为我们做什么 /44
    分类问题   49
    回归问题   50

序贯决策问题 51
搜索问题 52
我们的收获 54

2 会学习的人工智能——赫敏不用苦读了 / 57

监督学习——"这是中杯,这是大杯,这是超大杯" / 59
  我们的学习 59
  机器的学习 60
  监督学习的过程 64
无监督学习——爸妈上班我自学 / 68
  我们的学习 68
  机器的学习 69
监督学习和无监督学习的数据不同 / 73
  监督学习的数据 73
  无监督学习的数据 73
  机器学习对数据的要求 74
监督学习和无监督学习的任务不同 / 77
强化学习——巴甫洛夫与狗 / 80
  我们的学习 80
  机器的学习 82
图解机器学习算法——玩转数据魔法 / 91
  监督学习:分类问题 91
  监督学习:回归问题 95
  无监督学习:聚类问题 98
我们的收获 106

3 会推理的人工智能
——柯南最想要的搭档 / 109

决策树——会"读心术"的人工智能　/ 111
博弈树——会下棋的人工智能　/ 121
神经网络——聪明的人工智能大脑　/ 133
  神经网络　　　　　　134
  隐藏层　　　　　　　136
  权重和阈值　　　　　138
  反向传播算法　　　　144
将问题归类——人工智能解决问题的"套路"　/ 149
我们的收获　　　　　　　161

4 会聊天的人工智能
——诸葛亮也只是"略懂" / 163

AI 不断进步——他们以前叫我"人工智障"　/ 165
  "打太极"是什么意思　　　　　　　166
  人工智能能听懂笑话吗　　　　　　　167
自然语言处理——懂人类语言的人工智能　/ 172
  翻译——走遍天下都不怕　　　　　　173
  文本、语法纠错——帮我订正语文作业　174
  断句——春联、文言文也能轻松读　　175
  文字识别——提取图片中的文字　　　177

关键词云图——关键信息看得见　　179
文本摘要——提炼出最重要的内容　　180
填词游戏　　182

让沟通更温暖——懂情绪的人工智能　/ 187
AI 需要情绪吗　　187
AI 如何理解情感　　193

故事大王——你的写作小助手　/ 200
让 AI 编剧本　　200
难度加大，让 AI 编写寓言和童话　　210

我们的收获　　215

5　迎接人工智能——合作还是挑战　/ 217

保持警惕，不要沉迷　/ 218
小心你的生物信息　　221
保护你在虚拟世界中的隐私　　226
他是真人吗　　229

人工智能的安全标准　/ 237
行善非恶——价值观对齐　　237
明确责任　　239
公平性——远离偏见　　244
数据保护　　250

人工智能能代替人类吗　/ 254
AI 老师与"陪跑营"真人老师　　255

AI 棋手与人类棋手	260
如何选择未来的工作岗位——	
在与 AI 的竞赛中扬长避短	263
我们的收获	270

我的练习题 1	271
我的练习题 2	272
我的练习题 3	276
我的练习题 4	280
我的练习题 5	281

(DALL・E 3 生成)

第 1 章

开门！人工智能来啦

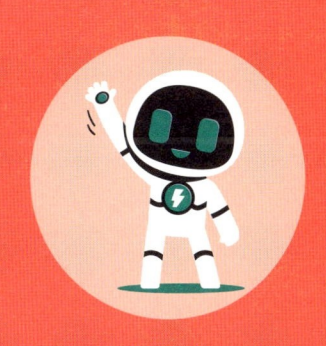

你身边的人工智能

人工智能（AI）技术正在改变我们的生活，从智能语音助手到自动驾驶汽车，从智能家居到医疗诊断，它的应用越来越广泛，为我们带来了许多便利。

例如，智能语音助手可以帮助我们进行语音搜索、设定提醒和发送短信，自动驾驶汽车可以减少交通事故和交通拥堵，智能家居可以让我们更加方便地控制家中的设备。

然而，人工智能的发展也带来了一些挑战和问题。例如，数据隐私和安全问题、对人类就业的影响以及人工智能的道德和法律责任等。因此，我们在推动人工智能发展的同时，也需要认真思考和解决这些问题。

（这段文字是由人工智能大语言模型应用"文心一言"生成的）

各位读者朋友们，你能分辨出你现在读的内容是 AI 生成的，还是人类创作的吗？

如果告诉你前面的文字是由 AI 生成的，你会有什么反应呢？

- ♥ 😲 惊讶：AI 竟然如此强大，它写的内容几乎和人类写的一模一样！
- ♥ ☹ 害怕：人工智能已经这么厉害了，我会不会完全比不过它？

第1章 开门！人工智能来啦

♥ 😈 兴奋：那我的作文以后是不是也能让 AI 帮忙完成呢？

你的情绪是：_____。

不过，AI 当然不能用来帮我们写作业！"人工智能内容检测器"可以判断文章是由 AI 生成的还是由人类编写的。

> 如果我告诉你，截至此处，上述文字都是由人工智能写的，你会作何感想呢？
> 别担心，这只是开个玩笑，此处禁止"套娃"。如此灵动的文字，当然是由人类作者亲自写的！

智能家居

小乐今天邀请了几位要好的同学到他家里做客。

小强
> 小强是小乐的同学，今天来到小乐家里做客。
> 小乐家是什么样子呢？他感到非常好奇！

小乐的爸爸是<u>一位科技产品迷</u>，他们家有许多新奇的智能家居，快来看看吧！

（DALL·E 3 生成）

智能音箱

小音小音，播放《孤勇者》。

爱你孤身走暗巷，爱你不跪的模样……

（智能音箱）

你家的音箱能听懂你说话耶。

第 1 章 开门！人工智能来啦

这是 智能音箱，只需要连续叫两遍它的名字，告诉它要播放的音乐名，它就能播放啦，超级方便！

智能摄像头

此时，室内摄像头检测到人形移动，开始发出警报。

您已进入警示范围！您已进入警示范围！

（智能摄像头）

抱歉，我忘记关闭智能摄像头的人形检测警示功能了。

人形检测？

当开启人形检测功能时,摄像头会在检测到有人进入时发出警报。

这是一款有"眼睛"的摄像头,它能"看"到人。

(心里暗自琢磨)要是坏人穿着舞狮的服装进来,摄像头是不是就检测不到了呢?

智能电视机

除了智能音箱、智能摄像头以外,小乐家的电视机也很智能,它也能听懂语音指令,自动播放电视节目。

小视小视,播放《西游记》。

第1章 开门！人工智能来啦

好嘞，为您找到《西游记》。

（智能电视机）

这是 智能电视机，不仅能帮我们选中节目，还能记住我们上次看到节目第几集，并从中断的地方继续播放。

小乐，你们家真是充满科技感啊！

我爸爸是个科技产品迷，我们家有好多智能家电。它们能听懂我说话，还能像人一样回应呢！

智能电梯

这时，小乐的另一位好朋友小丽来到了楼下，但她还在一楼无法上来，小乐得下去接她。

原来，小乐家的电梯"认人"。电梯需要人脸识别（也就是俗称的"刷脸"），只有已录入人脸信息的人，才能按下电梯按钮。

（使用电梯前需要"刷脸"）

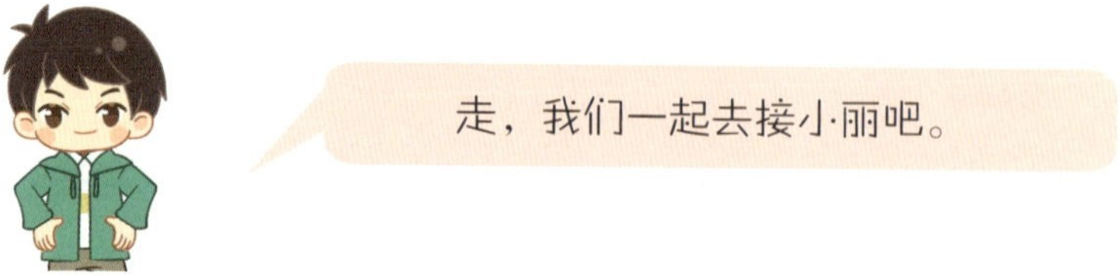

走，我们一起去接小丽吧。

练习 1

观察能力　　**抽象概括能力**

下面这些设备，会看、会说、会听吗？请连线。

（手机）　　会听 
　　　　　　会说 
　　　　　　会看  　　（翻译笔）

自动驾驶汽车

晚上,小强的爸爸来接小强回家。

小乐看到小强的爸爸在停车时,并没有把手放在方向盘上,但方向盘却能自动转动,车子自己停进了停车位。

原来,小强爸爸开的车使用了自动驾驶技术,是一辆自动驾驶汽车。

你爸爸的汽车可以自动开进停车位!这是擎天柱吗?

这是我们家的新车,停车的时候它能自己停进停车位里。

小乐对自动驾驶汽车非常感兴趣。

回到家后,他和小美、爸爸、妈妈说起了他看到的自动驾驶汽车。

咱们家也能换一辆自动驾驶汽车吗?

> 咱们家今年没有换车的计划和预算，不过明年可以换车，咱们可以先了解一下。

于是，他们一起利用互联网搜索起了自动驾驶汽车的材料。

◉ 阅读材料

自动驾驶汽车

自动驾驶汽车的等级

在国家市场监督管理总局、国家标准化管理委员会发布的《汽车驾驶自动化分级》（GB/T 40429—2021）中，将驾驶自动化分成 6 个等级。

- 0～2 级：AI 系统只提供辅助，人类驾驶汽车。
- 3～5 级：AI 系统驾驶汽车。

（AI 辅助人类驾驶）　　（AI 驾驶）

0 级：应急辅助

系统不能持续控制汽车，但具有部分探测与响应的能力。

1 级：部分驾驶辅助

能帮人类驾驶员停车。

1 级自动驾驶有两个主要功能：

- 定速巡航：无须人类驾驶员控制，车辆自动保持车速。
- 自动泊车：车辆能自动停入停车位。

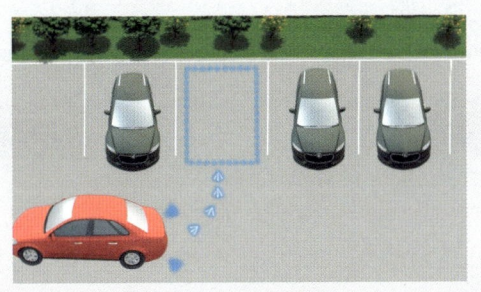

（自动泊车）

小强爸爸的车可以自动停进车位里，就是具备自动泊车功能啊！

2 级：组合驾驶辅助

能防止司机疲劳驾驶而导致车道偏离事故。

2 级自动驾驶的主要功能包括车道保持辅助和自适应巡航

控制。

"车道保持辅助"功能可以在高速及路面较好的路段（车道清晰）上检测车道。如果司机发生疲劳驾驶偏离车道，系统会提醒司机并纠正汽车方向盘，保持汽车不偏离车道，减少危险事故的发生。这项技术在现实生活中能减少安全事故的发生。

（普通汽车未检测车道）　　（自动驾驶汽车检测车道）

"自适应巡航控制"功能让车速的控制不仅取决于用户的设定，而且根据前后车距的行驶环境而改变。例如：前面有车辆插入，这个时候就应该立即减速；遇到前方路口红灯，也应当减速和停车。

（依环境保持车速）

> 我们在车上时都要安静一点，不要让爸爸妈妈开车的时候分心。

3 级：有条件自动驾驶

在限定条件下由车自动驾驶。

在一定的限制条件下，人类可以不驾驶车辆，而是让系统来驾驶车辆。

以某品牌汽车为例，限制条件包括：

- 车速在 60km/h 以内；
- 在允许开启的限定路段上；
- 天气较好，不能在下雨天等不好的天气开启；
- 当提醒需要驾驶员接管的时候，驾驶员要在 10s 内接管驾驶。

4 级：高度自动驾驶

大部分情况下可以由车自动驾驶。

在特定道路下，系统已经可以在大部分情况下自动驾驶了。因此当系统发出介入请求时，驾驶员可以不做出响应。

5 级：完全自动驾驶

所有情况下都可以由车自动驾驶。

无论什么天气、地理环境，都可以由汽车自动驾驶。现在，5级自动驾驶汽车还未普及。

> 等到5级自动驾驶汽车普及了，我们是不是就不用考驾照了？哈哈！

> 5级自动驾驶汽车都不需要人驾驶了，车子内部肯定也和现在很不一样吧？那时候的汽车会长什么样子呢？

> 现在已经有3级、4级自动驾驶汽车了吗？

自动驾驶车辆的普及

政策支持

2023年底，由工业和信息化部、公安部、住房和城乡建设部、交通运输部四部委发布了智能网联汽车准入和上路通行试点工作的通知。

这标志着3级和4级无人驾驶汽车的上路通行得到了政策支持。

第1章 开门！人工智能来啦

四部委关于开展智能网联汽车准入和上路通行试点工作的通知

发布时间：2023-11-17

工业和信息化部 公安部 住房和城乡建设部 交通运输部关于开展智能网联汽车准入和上路通行试点工作的通知

工信部联通装〔2023〕217号

试点城市

- 截至2024年7月，北京、上海、广州、深圳、武汉等20个城市成为"车路云一体化"试点城市。
- 武汉已经在12个行政区内支持近500辆无人驾驶车辆常态化的试点服务。

（全无人车通过白沙洲长江大桥，图片来源于网络）

坐这种无人驾驶出租车的话，可以让爸爸妈妈坐前面，我和小乐坐后面吗？这样就一点也不挤啦！

> 我在视频里见过无人驾驶出租车，目前只让坐后排。而且，现在车子遇到紧急情况时，并不比我这个经验丰富的司机处理得好……

练习 2

5 级自动驾驶汽车不需要人工驾驶。那么，它的内部结构和外观可能会与需要人工驾驶的传统汽车有哪些不同呢？

请发挥你的想象力，畅想一下，绘制一个未来汽车的蓝图。

创意设计能力

（欢迎将你的创意作品发送至作者邮箱 teacherAI4you@126.com）

第1章 开门！人工智能来啦

智能推荐系统

啊，我的手机没电了……用妈妈的手机听歌吧！

小美打开妈妈的手机听歌软件，然后她发现——

（小美的手机） 　　（妈妈的手机）

咦，妈妈手机上音乐软件的推荐歌曲和我手机上的很不一样啊！

为什么手机 App 能够根据你的喜好推荐歌曲呢？这里就要请出另一种人工智能技术——推荐系统。

推荐系统就像你的一位好朋友，每天和你在一起，观察你看了什么、听了什么、搜索了什么、购买了什么……它根据你的行为数据预测你未来的行为。它非常了解你。

下面这些软件里都使用了推荐系统：

- ♥ 短视频 App（如抖音）：会根据用户观看短视频的停留时间，是否点赞评论，推荐可能喜欢的短视频。
- ♥ 购物 App（如淘宝）：会根据用户近期的搜索、浏览记录推荐近期可能购买的商品。
- ♥ 外卖平台（如美团）：会根据用户历史订单、口味偏好、点餐时间推荐个性化的餐食。
- ♥ 社交媒体（如微博）：在注册时会问用户的喜好，之后再根据用户的浏览记录推荐用户常看的类型信息。
- ♥ 打车平台（如滴滴）：会根据用户以前的打车记录，预测相似时段用户要去的目的地，并在用户要填写目的地时进行询问。

第 1 章 开门！人工智能来啦

练习 3

对比看一看你妈妈和爸爸的购物 App（或其他使用了推荐系统的 App）的首页推荐商品，有什么不同和相同之处？请用下面的双泡思维导图表示出来。

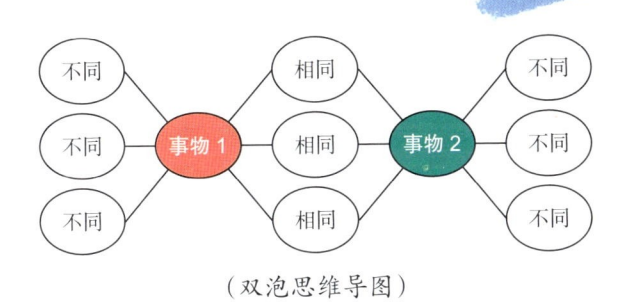

比较能力

（双泡思维导图）

生成式人工智能

爸爸发现妈妈在听歌——

你在听什么歌呀？

给你也听听。

人工智能真好玩

哦,×××呀,这是她的歌吗?

不是的,这首歌不是×××真人唱的,而是她的"AI分身"翻唱的。好厉害!

小美和小乐听到爸爸妈妈的对话,胡思乱想中……

分身?这不是魔法小说里的情节吗?

歌手的AI分身可以替她唱歌,那我可不可以有一个AI分身替我上学写作业呀?

这样的"AI分身"是生成式人工智能的代表性应用之一,类似于"能力克隆"技术。在AI的世界里,我们可以"克隆"出一个具备唱歌能力的歌手。AI分身的音色、发音习惯都和歌手一模一样,你根本分不清是真人唱的,还是AI分身唱的。

第 1 章 开门！人工智能来啦

（AI 分身）

　　这种技术的应用不限于模仿歌手唱歌。我们还可以让 AI 模仿人类创作的画作、拍摄的照片、对话甚至视频。通过一定的学习，它都能精准地模仿出来。

　　生成式人工智能，可以依据现实中的样例或规则自己进行学习，然后生成与样例相似或符合规则的文字、音乐、图片、视频等数据。

文字与图片

　　目前，文字和图片的生成式人工智能已经相当普及。虽然它们仍存在一些问题，但已经能为我们提供不少便利。

　　我自己也体验过一些国内的优秀文字或图片生成 AI，推荐大家尝试一下。

DeepSeek　通义千问　豆包　Kimi　腾讯元宝

（以上排名不分先后）

不过在使用时，请注意：有时候生成的文字或图片不正确或不合理，不要仅仅因为是 AI 生成的就认为它一定是对的。

音乐

如果我唱歌不好听，但想给一首歌重新填词，该怎么办呢？

此时，我们可以尝试在一个叫作"AISingers"的平台上，选择一位虚拟歌手，并将曲子和歌词输入，然后 AI 就能帮我们生成音乐。

不过，这还是需要一些音乐基础。我自己也是补习了几小时的乐理知识，并请教了一个音乐爱好者朋友，才最终成功的。

让虚拟歌手唱歌

❶ 选择虚拟歌手　❷ 制作曲谱文件　❸ 歌声合成　❹ 获取合成音频

（AISingers 的使用步骤）

视频

生成视频相对较难，目前它还不够成熟，可能会出现上一帧与下一帧的背景和角色突然变化的 bug。

不过，已经有一些 AI 工具可以辅助视频生成工作了。

在"寻光"软件中，你可以生成一个 AI 人物作为视频的主角，定制主角的正面、侧面、表情、动作等。

此外，该软件还提供了其他 AI 辅助功能，比如：将你的脸替换到视频中的角色上，帮助你决定是否购买同款衣服；将风筝替换为气球，并设定气球在天上的飞行轨迹；去除夕阳视频中破坏美感的电线杆……

科研

除了娱乐之外，生成式 AI 还能在科研工作中为科学家提供便利。

生物医药

据报道，生成式 AI 制造出新抗体，这使得原本高成本的抗体制造有了捷径。

人工智能首次从零制造出全新抗体
光明网 2024-03-21 09:24

新材料

社会新闻中说，通过生成式 AI，科学家预测出了 220 万种晶体结构，这使得人类已发现的稳定晶体数量提升了 9 倍。

> **AI颠覆材料学！DeepMind重磅研究登Nature，预测220万晶体结构**
> 新智元 2023-11-30 16:34 北京

> 有 AI 帮忙，很多现在治不了的疾病以后都可以治愈啦！

> 等我长大了，我就会生活在科幻小说描写的世界里。

猜一猜

2022 年 8 月 31 日，一位名叫 Jason Allen 的插画家利用人工智能生成画作去参加美术比赛，并获得了一等奖。

请你猜一猜，下面两幅画是不是 AI 创作的。

第1章 开门！人工智能来啦

☐人工智能创作　　　　　　☐人工智能创作
☐人类创作　　　　　　　　☐人类创作

（这些都是由人工智能创作）

什么才是人工智能

美乐一家在逛商场,逛到厨房电器区——

(削皮机)

这个削皮机很灵活呀,看起来比刚才那个厉害。

但是,刚才那个能削黄瓜皮也能削苹果皮。这个不行,只能削苹果皮。

一个是普通的机器,另一个是人工智能机器。

什么是人工智能?什么是人工智能机器呢?

比如,遥控赛车、遥控无人机是人工智能吗?你一靠近超市门就自动打开,这是人工智能吗?

看完这一节内容,你就知道如何分辨人工智能啦!

猜一猜

在正式阅读这一节之前,请先根据你的印象,猜一猜下面这些是不是人工智能,勾选"是"或"否"。

1. 老师利用 Excel 表格的 sum 公式计算每位学生各个学科的成绩总和,并对成绩进行排名　　是　否
2. 在手机地图软件上输入目的地,系统推荐最快的路线　　是　否
3. 网易云音乐推荐给你那些和你平常听的曲风相似的歌曲　　是　否
4. 淘宝卖家设置自动回复后,对于一些常见的问题,如"发货时间""开发票"等,系统能代替人回答　　是　否
5. 智能马桶具备自动感应功能,感应到人接触时,自动开合、冲水　　是　否
6. 美图秀秀根据用户存储图片的数据,进行算法优化　　是　否
7. 自动售卖机根据用户选中的图标,给用户提供相应的饮料　　是　否
8. 超市门会在顾客靠近的时候自动开启,并发出"欢迎光临"的声音　　是　否

如果你现在并不能清楚分辨这些情况是不是人工智能,也很正常,那就带着疑问阅读后面的内容吧。只要你读完后,正确率能有所提高,那就棒棒哒!

图灵测试与中文房间

艾伦·图灵（Alan Turing，1912—1954）被称为"人工智能之父"，他提出了"图灵测试"。

通俗地说，图灵测试是指如果人类无法分辨一项作品（如语言对话、文章、图画等）是由人类还是机器生成的，那么该机器就可以被认为具备了"智能"。

能够做出像人一样的作品，就是"人工智能"吗？

案例1：客服机器人

这是在购物平台上与"客服机器人"的一段对话。

> 您是否想要了解以下问题:
> 点击→【能否开发票,如何开票】
> 点击→【催促发货】

> 亲,可以开票的呢,如需开票请留一下开票的信息。

> 桌子少了一颗螺丝。

——正在为您转人工——

商家对用户常问的问题设置了自动回复,因此客服机器人能够代替大量人工客服。

既然客服机器人可以代替人类做大量的工作,那么它是否就具备"智能"了呢?答案是**否定**的。

虽然它可以回复常见问题,但对于不常见的问题,如"桌子少了一颗螺丝",客服机器人却无法处理,就会转给人工客服来处理。

也就是说,这个客服机器人只能处理规定好的事件,不能处理未规定的事件,虽然表现出一定的"智能行为",但不具备"智能思想"。

案例2:中文房间

有一个著名的实验"中文房间":在房间里有一位对中文一窍不通只会说英语的人,他要与门外的一位只会中文的人进行文字交流。

这怎么可能呢?他一定会被发现不会中文!

还好,他有一件秘密武器——一本中文对话手册。手册中有一些常见的中文问答,还罗列了许多常用汉字,可供组合使用。

房间外只会中文的人，想与房间内的人交流，于是将想说的话写在纸条上："你会说中文吗？"房间里的人其实不懂中文，但他手边有这本包含常见中文问题和答案的手册。幸运的是，这个问题的答案正好在手册上："我会说中文。"于是，房间里的人将这句话写在纸条上递了出去。

房间外的人收到纸条后，误以为房间里的人会说中文。就这样，虽然房间内的人完全不懂中文，却成功地完成了用中文交流的任务。

从"智能行为"的角度来看，房间里的人能够回应房间外的人的问题，因此表现出"智能行为"。但从"智能思想"的角度来说，房间里的人显然不懂中文，如果问题不在手册上，他就无法回答，这说明他并不具备真正的"中文智能"。

假如房间里是一个机器人，利用对照纸条找答案的方法，它也许能通过"图灵测试"，但这个机器人也不具备真正的"智能思想"。

第1章 开门！人工智能来啦

> 有时候我做出了课后练习题，但并没有真的搞懂知识点。

> 有"智能行为"，但没有"智能思想"，这样的人工智能不够智能。

人工智能与人类智能

如果智能行为不能用于判断人工智能，那能借助智能思想进行判断吗？智能思想是指什么样的思想呢？像人类一样的思想吗？

这就引出了人工智能的另一种定义：**利用计算机和机器模仿人类大脑解决问题并决策的能力。**

你觉得这个定义靠谱吗？

> 图灵测试强调"智能行为",这个定义强调"智能思想"。

> 这里的"智能思想"是指模仿人类的思想。
> 按照这个定义来说,人工智能永远不会变得比人类更加厉害,因为它是模仿人的呀。

人和机器的软硬件条件是不同的,执行同样的任务,对于两者来说难度也不同。有些事情对人类而言很难,对人工智能却不难;有些事情对人工智能很难,对人类却不难。也许机器有自己的路要走。

对机器简单、对人类困难的事

下棋下得好的人往往被认为智力较高,顶尖高手少之又少。而对于人工智能而言,这种有明确规则的输赢游戏,却是很擅长的。

- ♥ 1997年人工智能计算机——"深蓝"战胜了人类国际象棋大师卡斯帕罗夫。
- ♥ 2016年人工智能计算机——"AlphaGo"战胜了人类围棋大师李世石。

围棋是所有棋类运动中最复杂的,目前人工智能在这一领域已经远超人类顶尖高手。

对人类简单、对机器困难的事

摘花菜,对人类来说是一件难事吗?在农村,孩子们从小就会帮忙摘菜,似乎并不困难。然而,对机器来说,找到成熟的花菜却不容易。那是否可以通过颜色判断花菜是否成熟呢?

很抱歉,我们现在广泛种植的花菜品种,无论是否成熟,颜色都是白色的。这让机器无法通过颜色来分辨它们是否成熟。

而且,摘菜时力度也需要控制得当:力度小了摘不下来,力度大了又会损伤花菜。看起来简单的摘菜,实际上对机器来说并不容易。

人类和人工智能的"思考"方式不同,擅长的事情也不同。从人类的视角来判断人工智能是否擅长,是一种十分自大的想法。

> 对 AI 来说，究竟什么事情简单，什么事情困难呢？

> 有什么规律吗？

能用数字表达的事情，对 AI 而言会容易

人工智能要做的第一步就是将现实世界的事物转换到它能理解的虚拟数字世界中。因此，容易用数字表达的问题，对人工智能而言会容易一点。

> 考试时，如果连题目都没读懂，就没办法做题。读懂题目是做题的第一步。

首先，棋局比较容易被转化为数字。棋局上的每个棋子都有它的位置，如"Q16"就是第 1 个落子的位置。下棋的先后顺序也可以用数字来表示，黑白棋子也可以用数字来表示。

第 1 章　开门！人工智能来啦

（一盘棋局）

其次，图片比较容易被转化为数字。图片可以像围棋的棋盘一样被划分为一些小格子，我们把这些小格子叫作"像素"，每个格子都可以用横纵的编号来表示。而每个格子是否被涂色，则可以用 1、0 来表示。

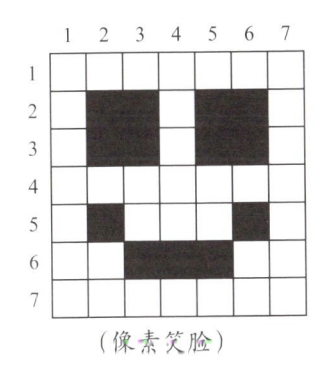

（像素笑脸）　　　（用 1、0 表示该像素点是否涂色）

我们常见的图片是彩色的，**而颜色也是可以用数字来表示的。**

(彩色可以用红、绿、蓝的数值来表达)

我们平常使用的图片像素是很多的。一张普通的图片，每个方向上的像素的数量通常达到数百甚至上千。

声音可以转化为数字。声音是可以被转化为波形的，波形可以代表声音。例如，下面是我使用剪映 App 的文字朗读功能生成的三段文字的波形：

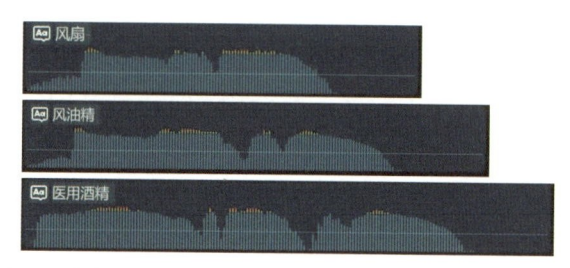

对比一下波形，我们可以发现同一个字的发音相同，波形也基本相同。

"风"字的波形基本相同：

("风"字的基本波形)

"精"字的波形基本相同：

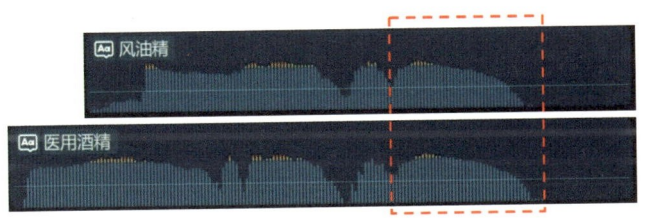

（"精"字的基本波形）

现在的个人计算机上，很多被存储、处理、播放的文字、图像、声音、视频，都已经能方便地数字化了。

因为计算机的发展，人工智能至少在"读题"这一关上不太难。

与复杂的真实世界交互，对 AI 而言会困难

当人工智能需要结合一个机器身体来解决一些复杂多变的真实世界问题时，难度就大大增加了。

比如，无人驾驶汽车就是让人工智能指挥汽车在复杂的道路上行驶，但目前还没有发展到完全不需要人类驾驶员而由汽车自己行驶的理想程度。

比如，一个人工智能的家务机器人要将玩具放回收纳篮里，需要考虑哪些问题呢？

> 哦，地板上散落的物品多种多样，怎么才能知道拿起的物品是不是玩具呢？
>
> 有没有一条路线能让我绕过地上的物品，直接走到收纳篮那里？
>
> 收拾玩具时，宝宝会不会突然跑过来？

（DALL·E 3 生成）

在真实的世界中，执行这些琐碎的任务时往往会发生许多我们意想不到的复杂情况。要让人工智能实时应对这些情况，确实存在不小的困难。

练习 4

查找资料，看看人工智能在下面这些领域的成就。你认为对于人工智能而言，这些任务是困难还是简单呢？

类比能力   **推理能力**

	简单	困难
在不同语言之间进行翻译	简单	困难
安慰一个情绪不稳定的人	简单	困难
医学影像识别与诊断	简单	困难
进行发明创造	简单	困难

剪辑视频　　　　　　　　　简单　　　困难

自动化托运行李服务　　　　简单　　　困难

人工智能的属性

前面所说的人工智能的定义被一个个推翻，人工智能还没有形成一个公认的定义，但我们可以通过人工智能的一些属性来对其进行判断。

定义也会被推翻吗？为什么人工智能的定义一直在更新呢？

"定义"不是真理。上课时，老师有时就让我们根据自己的理解来下定义呀。

人工智能会学习

人工智能从人类经验或自身数据中进行学习，并能够"学会"。

例如，当地图导航软件发现在 A 点到 B 点之间有多位用户走出之前没有记录的路线时，它会根据用户的数据进行学习，更新对这条路线的导航。这就是从人类的经验中进行学习。

用户走出的路线

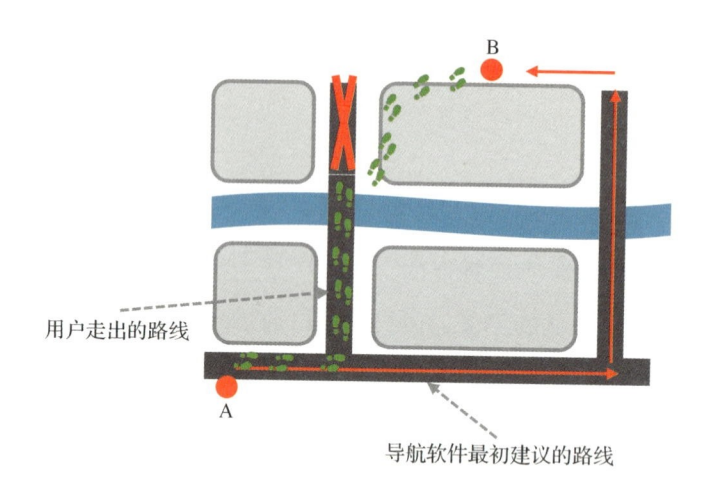

A

B

导航软件最初建议的路线

人工智能能自治

人工智能可以在人类不持续指导的前提下，自己处理和执行一些较为复杂的任务。

例如：高级的自动驾驶汽车能够根据环境的变化自主决策应该如何驾驶，而不需要人为的干预。

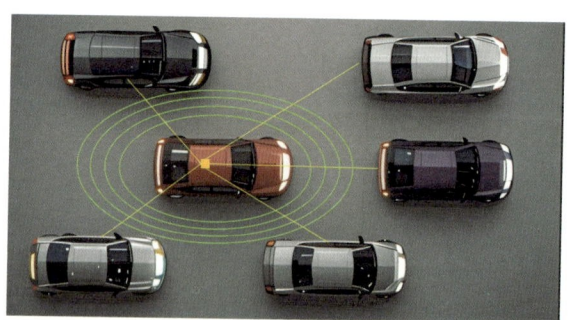

（自动驾驶汽车自己开）

例如：在一些工厂中，工人的数量已经从一万多人减少到一千多人,大量的工作由智能机器自动完成了。

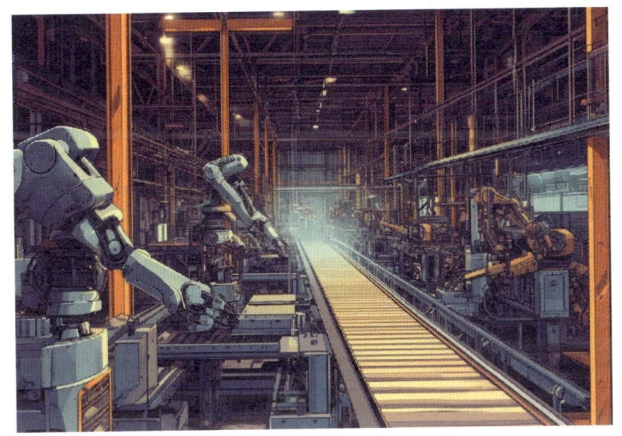

(工厂里机器高度自动化)

人工智能既会学习,又能自主完成复杂的任务。

按照这两个特点,我就可以判断什么是人工智能了。

不要着急。有一些容易和人工智能混淆的词汇,我们先一起来看一下。

容易混淆的概念

智能 ≠ 人工智能

许多电子产品在命名时使用了"智能"这个词,但智能不等于人工智能。

例如,"智能小夜灯"可以在夜晚有人经过时自动亮起,而白天则不会亮灯。然而,这并不是人工智能产品,这里的"智能"仅指"自动化"。在稍微复杂的情况下,比如家里有宠物时,小夜灯无法判断经过的是人还是宠物,都会亮灯。

它能够学习吗?并不能,你无法通过互动来"教会"它如何避免误亮。因此,智能小夜灯并不具备人工智能的特征,不是人工智能产品。

(一盏小夜灯)

机器人 ≠ 人工智能

现在我们见到的机器人都是人工智能吗?我们以"扫地机器人"为例来说明。

低端的扫地机器人（通常售价在 1000 元以下）依靠陀螺仪来前进和转弯，基本上就是"闭着眼睛"工作——一些区域可能被反复清扫，而有些区域则被遗漏。而且，它经常会被卡住，需要人工"营救"，因此难以称得上自治。

而高端的扫地机器人（通常售价在 3000 元以上）则使用激光扫描房间，有"眼睛"感知障碍物，还能在"脑海"中构建一张房间的地图。这样的扫地机器人能逐步了解你家的具体布局，适应这个"打工"场地的清洁需求。

这样一来，扫地机器人就不会总是卡在同一个地方，等你去"营救"了。你只需要让它开始工作，然后就可以等着看到干净的地板了。此外，你还能更改任务，比如指挥它只清扫某个房间（例如大家刚在客厅里吃过零食，就让它只清扫客厅），它能够理解并执行你的指令。这种机器人就具备了一定的自治性。

低端扫地机器人并不算人工智能产品，而高端扫地机器人可以"看路""分析"，具备一定的人工智能特征。

因此，**有的机器人属于人工智能，有的则不是。**

> 要是它哪里打扫得不干净，我能不能批评教育它，让它改正呢？

> 哈哈，就像训练小狗一样！

从对传感器信号的处理能力判断人工智能

判断是不是人工智能，还有一个诀窍：根据智能产品对传感器中获取的信息的分析能力判断它是不是人工智能产品。

传感器是指机器从外界感知信息的设备。我们人体也有很多"传感器"，例如：舌头可以感知味道，耳朵可以感知声音。

普通的智能产品只是简单地接收信息，而人工智能产品则能够对信息进行复杂的分析。

小夜灯

小夜灯配备了光敏传感器和人体感应传感器。光敏传感器用于检测环境光线的强弱，判断当前环境是明亮还是昏暗；人体感应传感器则通过检测热源的移动来判断周围是否有人。

对于传感器提供的输入信息，小夜灯直接将其作为判断条件，并据此执行操作。它的工作原理可以用两句话简单概括：

♥ 如果（条件）：当前环境是昏暗的，并且有热源靠近；
♥ 那么（执行）：开启小夜灯。

但是在夜间，若有宠物经过，小夜灯无法区分人和动物，仍会亮起。这表明它没有对传感器收集的信息进行复杂分析，因此并不属于人工智能产品。

汽车

在自动驾驶汽车上，安装有各种不同的传感器。毫米波雷达、激光雷达、超声波传感器能够感知各种障碍物和车辆之间的距离；摄像头能够拍摄车辆前面和侧面的画面，从画面中识别路牌、红绿灯；GPS（全球定位系统）可以通过卫星得知车辆所处的位置，为车辆导航。

这些传感器需要通过复杂的相互协作，帮助汽车感知周围环境。

我们人类通过眼睛看到车辆周围的环境，汽车通过摄像头也能看到周边环境。但是人类会自然而然地将看到的画面转化成一个 3D 立体的世界，而摄像头拍摄的画面往往是一个平面的 2D 世界。这个时候，汽车的人工智能系统就需要结合其他传感器给出的信息，实时地制作一个类似于《我的世界》游戏的虚拟 3D 画面，模拟真实环境中汽车和周围道路、其他车辆、障碍物之间的关系，为后续汽车行驶中的决策提供支撑。

（真实环境） 　　　　　（3D 模拟环境）

第1章 开门！人工智能来啦

相机

以前的相机只能简单地记录镜头中的画面，因此属于非人工智能相机。而现在很多手机中的相机功能可以识别出镜头前的拍摄对象是"人像""风景"还是"食物"，并自动调整拍摄模式，这就是具备人工智能功能的相机。

（手机的"AI摄影大师"功能）

练习 5

（1）发挥你的想象力，为家里的一件家电（如电饭煲）增加人工智能属性，你会设计什么功能呢？

创意设计能力

由于人工智能目前还未形成被普遍认可的定义，因此我们可以换一种说法——"该产品使用了人工智能技术"，而不是"它是人工智能"。这样的说法会更严谨。

（2）阅读上述内容之后，请再次判断前面"猜一猜"中的选项是否使用了人工智能技术。

成长型思维能力

现在做这些题目，我就不是全凭感觉了。哈哈！

人工智能能为我们做什么

现在人工智能能帮我们做什么事情呢？

未来又可能帮我们做什么事情呢？

人工智能能为我们做什么呢？要一一列举那实在是太多了！

这里我们对人工智能能够解决的问题进行了归纳，最终整理为4类问题：**分类问题、回归问题、序贯决策问题、搜索问题**。

分类问题

在常见的人工智能应用案例中，无论是电梯摄像头识别电梯乘客是否为楼内住户，还是超市智能秤识别水果种类，实际上都是类似的问题。我们将这类问题称为"分类问题"。

"这是猫咪！"   "这是小狗！"

其他案例包括：

♥ 垃圾邮件过滤：人工智能技术能有效地区分垃圾邮件与正常邮件，提升用户的邮件体验。
♥ 医学影像诊断：人工智能技术能用于分析医学影像，辅助医生判断是否存在病灶，提升诊断的准确性和效率。

回归问题

我们根据班级学生的过往成绩，可以预测学生在下一次考试可能获得的成绩。这种根据过往数据预测未来情况的问题，称为"回归问题"。

其他案例包括：

♥ 交通预测：人工智能系统通过分析交通流量、天气、道路状况等数据，预测交通拥堵的发生和持续时间，帮助人们更好地规划出行路线。2024 年春节前，百度地图就发布了春节期间的出行预测报告。

♥ 气象预测：人工智能系统通过分析大气环境和气象观测数据，预测未来的天气变化趋势。2013 年，谷歌旗下的 DeepMind（即开发围棋人工智能产品 AlphaGo 的公司）推出了天气预测模型 GraphCast，可在 1min 内预测未来 10 天的数百个气象变量，它的预测准确性在 90% 的指标上超过了当时最先进的非人工智能的预测系统。

（百度地图发布的《2024 年春节假期出行预测报告》）

序贯决策问题

在下棋时，我们要根据对手落子的位置不断调整自己下一次落子的位置。像这种根据外界变化而不断调整自己决策的问题，就是"序贯决策问题"。

面对序贯决策问题时，人工智能系统一边对环境执行动作，一边从环境中接收反馈，从而调整动作。

其他案例包括：

- ♥ 医疗决策：选择给患者使用哪些药物时，不仅要基于患者的病情、历史治疗记录和医学知识进行考量，还要根据治疗过程中患者的反馈，不断调整药物方案。
- ♥ 自动驾驶：自动驾驶汽车通过传感器感知周围环境，实时分析路况，每当环境发生变化时迅速做出新的决策，确保车辆安全行驶。
- ♥ 游戏对战：在有真实玩家参与的游戏中，人工智能可以代替人类玩游戏，并根据对手的行为连续调整策略，进行智能对战。

搜索问题

在汉诺塔游戏中，有明确的初始状态（游戏开始）和目标状态（游戏获胜），以及移动规则（每次只能移动一个环，且不能将大环放在小环上）。解决这种有明确初始状态、目标状态和规则的问题时，需要列出所有可能的情况，并搜索其中的最优解，这种问题就是"搜索问题"。

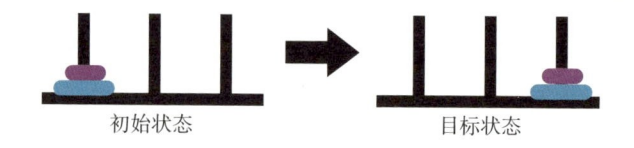

其他案例包括：

- 路径规划：GPS 导航利用搜索算法找到最短或最快的路线，帮助驾驶员避开交通拥堵路段。其初始状态为当前位置，目标状态为目的地。
- 学校排课：学校排课工作既烦琐工作量又大，目前许多高校使用启发式搜索算法进行优化，找到最优的课程安排方案，以满足各种约束条件。其初始状态为空课表，目标状态为完整的排课表，其中课程尽可能安排在最合适的时间和地点。

但是，在真实生活中，我们往往不能将一个真实问题简单地划分为某一种问题，它们往往是多个问题的组合。

- 例1：医学影像分析既要对疾病进行诊断，又要对病情进行预测，这既是分类问题，又是回归问题。
- 例2：聊天机器人在理解你语言中的情感时会将你的语言划分为"积极"或"消极"两类，这是一个分类问题；同时聊天机器人与你的对话是持续性的，它需要根据你的反应做出调整，这又是一个序贯决策问题。

我们的收获

在这一章中我认识了生活中的许多人工智能产品。以后爸爸买自动驾驶汽车的时候,我也可以在旁边问一句:这是什么级别的自动驾驶技术呀?

以后家里要买扫地机器人,我可以告诉爸爸妈妈要根据导航方式和建立家里模型图的能力来选择扫地机器人。

以后再听到商家宣传"人工智能产品"的时候,我就知道是宣传噱头还是使用了真的人工智能技术了。

我准备给家里换一个人工智能音箱,只要我跟它说一句,它就能播放我喜欢的音乐。这样方便多了!

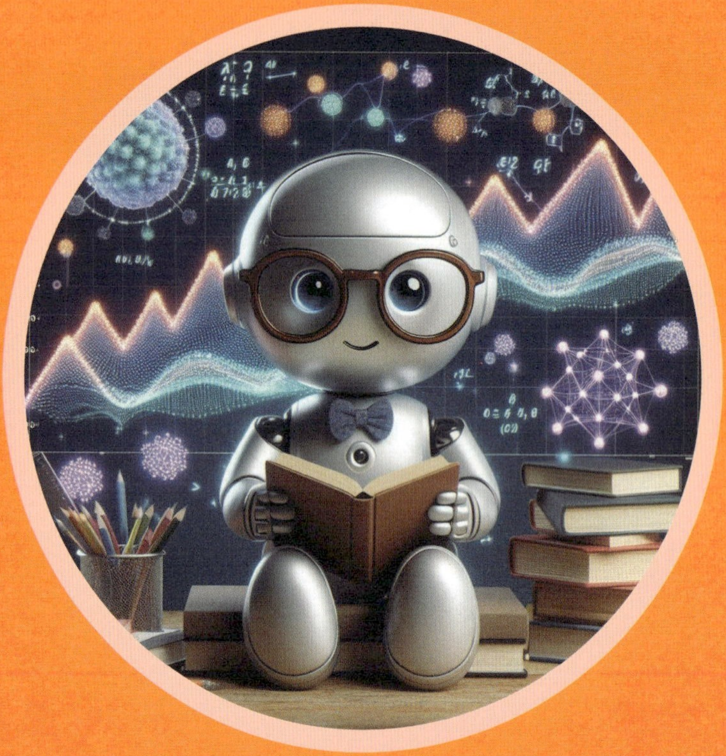

第 2 章

会学习的人工智能——赫敏不用苦读了

（赫敏是小说《哈利·波特》中一位刻苦的学霸）

人工智能一开始就这么智能吗？

也不是，学习是使我越来越聪明的法宝。

学习？我也每天都在学习呢。你有什么好的学习方法吗？

我的学习方式主要有 3 种：监督学习、无监督学习、强化学习。

监督学习——
"这是中杯，这是大杯，这是超大杯"

我们的学习

小时候，你在妈妈怀里，对世界的一切都感到好奇。

你听到嘀嗒嘀嗒的声音，转头看到钟表的指针运动跟声音步调一致。妈妈看到你对钟表好奇的样子，指着钟表跟你说："宝贝，这是钟表。"

到了午餐时间，妈妈拿起又红又大的苹果，用勺子挖了一点果肉喂给你，对你说："红红苹果甜又甜。"

家里来了一位新成员——一只毛茸茸、喵喵叫的小家伙儿。妈妈带你伸手摸一摸，告诉你："这是小猫咪，不用怕。"

这种有人在旁边不断教你的学习方式，就对应 AI 机器学习中的"监督学习"方式。让我们看看 AI 在这种学习方式下是如何学习的。

机器的学习

我是一个刚开始什么都不会的 AI，这次的任务是：学习如何识别猫咪。

虽然我还不认识猫咪，但幸运的是，我有一位人类老师，他会一步步教我。

人类老师先将相关数据划分为两组，大部分数据用来给我做 训练，小部分用来在我学习结束后做 测试。比如，将一些动物的数据分为训练数据和测试数据。

这和人类学习很相似，既有教学环节，也有小测试来检查学生是否学会了。人类老师知道一只动物是不是猫，所以在教学的时候他会很耐心地一一告诉我，这就叫 打标签。

训练数据			测试数据	
是猫				
🐱	🐱	🐱	🐱	🐱
🐱	🐱	🐱	🐱	🐱
不是猫				
🐊	🐓	🦒	🦌	🐿️
🦁	🐘	🦓	🐶	🐍

第 2 章　会学习的人工智能——赫敏不用苦读了

除了标签之外，人类老师还告诉我一些动物的特征。例如：生殖属性、食物种类、皮肤上是否有毛、是不是常见宠物。

人类老师提供的训练数据如下：

标签	图片	生殖属性	食物种类	皮肤上是否有毛	在我国是不是常见宠物
猫		胎生	食肉	有	是
猫		胎生	食肉	有	是
猫		胎生	食肉	有	是
猫		胎生	食肉	有	是
猫		胎生	食肉	有	是
猫		胎生	食肉	有	是
非猫		卵生	食肉	无	否
非猫		卵生	杂食	有	否

（续）

标签	图片	生殖属性	食物种类	皮肤上是否有毛	在我国是不是常见宠物
非猫		胎生	食草	有	否
非猫		胎生	食肉	有	否
非猫		胎生	食草	有	否
非猫		胎生	食草	有	否

我是一个聪明的 AI，正在人类老师的指导下不断学习。

通过分析这些带有标签和特征的数据，我总结出：**符合胎生、食肉、皮肤上有毛、是常见宠物**这些特征的动物，就可能是猫咪。

我的判断正确吗？接下来，人类老师会用测试数据来验证我的学习成果。

人类老师使用的测试数据如下：

图片	生殖属性	食物种类	皮肤上是否有毛	在我国是不是常见宠物	我判断是不是猫
	胎生	食肉	有	是	是

第 2 章　会学习的人工智能——赫敏不用苦读了

（续）

图片	生殖属性	食物种类	皮肤上是否有毛	在我国是不是常见宠物	我判断是不是猫
	胎生	食肉	有	是	是
	胎生	食肉	有	是	是
	胎生	食肉	有	是	是
	胎生	食草	有	否	否
	胎生	杂食	有	是	否
	胎生	杂食	有	否	否
	卵生	食肉	无	否	否

　　经过人类老师查看，我的判断和人类老师的正确答案一致，我的测试通过啦！

监督学习的过程

教

- ♥ 教学目标：将动物分为"是猫""不是猫"两类。
- ♥ 教学指导：给出每个动物的一些特征，以供学习。

训练数据：是猫 / 不是猫

学

通过教学时给出的训练数据和规定的算法，我结合"体型大小"和"食物种类"两个特征将训练数据中的动物分为了"是猫""不是猫"两类。

数据 ＋ 算法

第 2 章　会学习的人工智能——赫敏不用苦读了

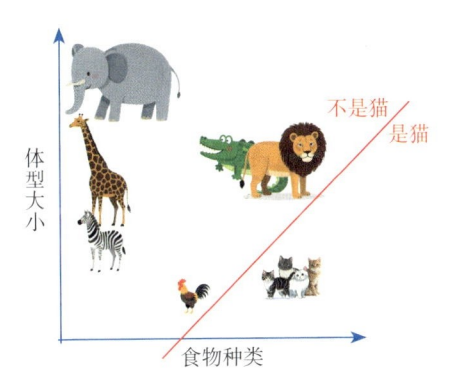

测

按照同样的分类标准，我能够将测试数据正确地放在对应区间内。

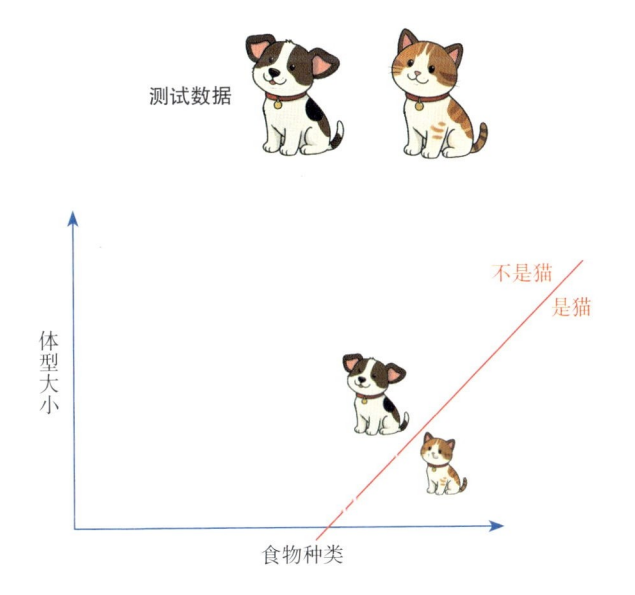

练习 1

分类能力

通过选择不同的特征，可以将物品划分为不同的类别。

（1）对于下面这 3 个机器人，请将分类特征和分类结果进行连线。

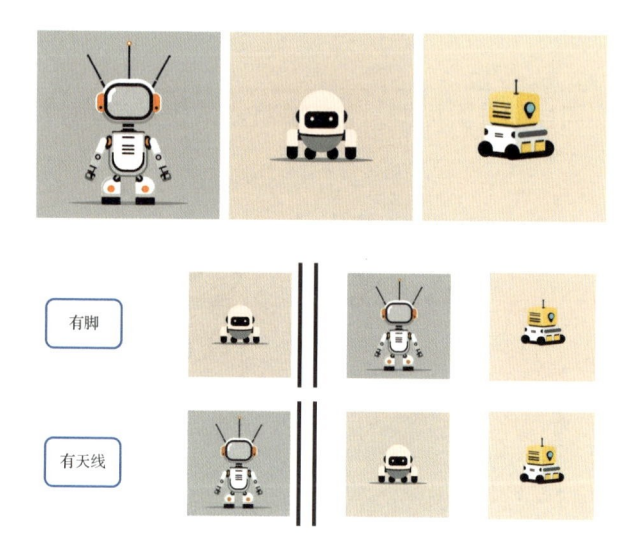

有脚

有天线

（2）要将下面这 6 张扑克牌分为两类，请选择合适的特征。你能找到多少种特征？

注意：按照你找到的特征进行分类后，每张牌应属于 A 类或属于 B 类，不能既属于 A 类又属于 B 类。

第 2 章　会学习的人工智能——赫敏不用苦读了　　67

（3）你可以只选择一个特征就将龙须酥挑选出来吗？

☐是否有夹心
☐外表的颜色
☐有很多拉丝

无监督学习——爸妈上班我自学

我们的学习

想一想,你收获的知识并不都是由人教会的。有时候没有人教,你自己通过观察发现规律,也能学会一些知识。

不同地方的气候不同,所以每个人身边常见的水果可能不同。假设你的家乡恰巧没有以下这些种类的水果,你从未见过它们。

| 香蕉 | 葡萄 | 苹果 | 榴梿 |
| 荔枝 | 梨 | 草莓 | 杧果 |

但是当你看到别人吃这些水果时,经过一段时间的观察,作为一个"吃货",你可能总结出这样的规律:有些水果是可以直接带外皮吃的,而有些则需要剥掉外皮,享受里面的果肉。

| 这些可以直接带外皮吃 | 这些只能吃里面的果肉 |

第 2 章　会学习的人工智能——赫敏不用苦读了　　69

这种自己发现规律，然后将物品<mark>聚类</mark>的学习方式，对应机器学习的<mark>无监督学习</mark>方式。其中，聚类是一个新词汇，你可以理解为"分群"。

让我们看一看 AI 在这种方式下是如何学习的。

机器的学习

我是一个刚开始什么都不会的 AI，这次的任务是：对一些动物进行分群。

但是这一次，我的人类老师没有告诉我要按照哪些特征来分群，但他把每种动物的特征告诉了我，让我自己选择可以用来分群的合适特征。

让我看看人类都给出了哪些特征。

（未经学习的 AI 机器人）

图片	生殖属性	食物种类	皮肤上是否有毛	是否用肺呼吸
乌龟	卵生	杂食	无	是
公鸡	卵生	杂食	有	是
熊猫	胎生	杂食	有	是
长颈鹿	胎生	食草	有	是
青蛙	卵生	杂食	无	否
松鼠	胎生	杂食	有	是
斑马	胎生	食草	有	是
小狗	胎生	杂食	有	是
羚羊	胎生	食草	有	是

第 2 章　会学习的人工智能——赫敏不用苦读了　　71

（续）

图片	生殖属性	食物种类	皮肤上是否有毛	是否用肺呼吸
	卵生	食肉	无	是
	胎生	食肉	有	是
	胎生	食草	有	是

> 人类没有告诉我应该按照什么特征进行分群，只要求我将这些动物分为两个群，选择什么特征由我自己决定。
>
> 通过分析这些数据，我把特征相似的动物聚为一群。

经过综合考虑，这些动物被我分为 A、B 两群。

A 群

B 群

如果你再给我展示新的动物，我会直接依据特征的相似性将它划分到其中一群中。

A 群

在进行监督学习时，答案是唯一的。

而无监督学习可能有很多正确答案！

只要我是有依据地分群，答案就都是对的。

在监督学习和无监督学习这两种学习方式下，"教"的内容不同（数据不同），AI 学会后要去解决的问题也不同。

第 2 章 会学习的人工智能——赫敏不用苦读了

监督学习和无监督学习的数据不同

监督学习的数据

标签	图片	生殖属性	食物种类	皮肤上是否有毛	在我国是不是常见宠物
猫		胎生	食肉	有	是

无监督学习的数据

/	图片	生殖属性	食物种类	皮肤上是否有毛	是否用肺呼吸
/		卵生	杂食	无	是

监督学习时，人类提供给 AI 的数据既有标签又有特征。就好像妈妈教宝宝认识苹果时，既告诉宝宝这是苹果，又告诉宝宝苹果的颜色是红色、形状是圆的，还让宝宝吃一下尝尝味道。

无监督学习时，数据只有特征没有标签。在这种学习过程中，虽然没有人告诉你这种水果的名称，你需要更多地探索，但你同样可以看、闻、尝水果，从而知道它们的特点，然后进行分类。

机器学习对数据的要求

> 我学习时非常依赖人类给我的数据，如果教学数据是错误的，那我学习的结果肯定也是错误的。
>
> 数据不仅要正确，还要尽可能全面。

假如你扮演一个人工智能的角色，下面给你提供一些海洋动物和海洋植物的数据，你能清晰地分辨其特征吗？

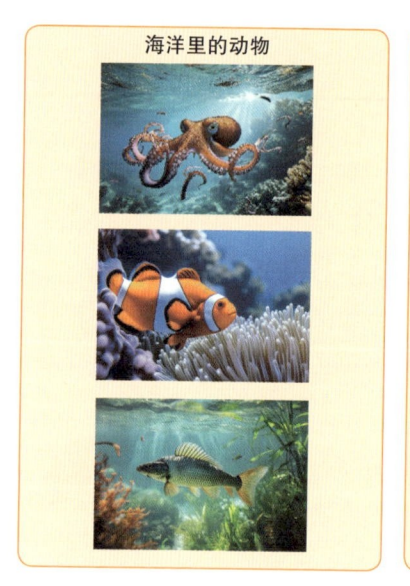

海洋里的动物　　　　　海洋里的植物

基于上述海洋动物和海洋植物的数据，请你判断海葵是动物还是植物。

第 2 章　会学习的人工智能——赫敏不用苦读了

海葵应该是植物吧，你看它和其他海洋里的植物长得很像呀。

其实海葵是动物。它的外表看上去和植物很相似，但是它的身体内部结构更像动物。它有神经系统、消化系统和生殖系统。它还可以通过触手捕捉一些小型无脊椎动物。

海葵是扮猪吃老虎的高手耶！披着植物外衣，却有一颗捕猎者的心。

言归正传,你看按照已有数据来学习,学习的结果可能是错误的,因为总有一些例外。所以给AI提供学习的数据,要尽可能全面、充足,这样才能提高AI的学习效果。

明白!就像我们人类学习时,要"读万卷书",才可以获得更多知识。

第 2 章　会学习的人工智能——赫敏不用苦读了

监督学习和无监督学习的任务不同

监督学习和无监督学习的任务不同。

♥ 监督学习：将这些动物分为"猫"和"非猫"两类。
♥ 无监督学习：将这些动物分为两群。

监督学习处理的任务是分类，无监督学习处理的任务是聚类。

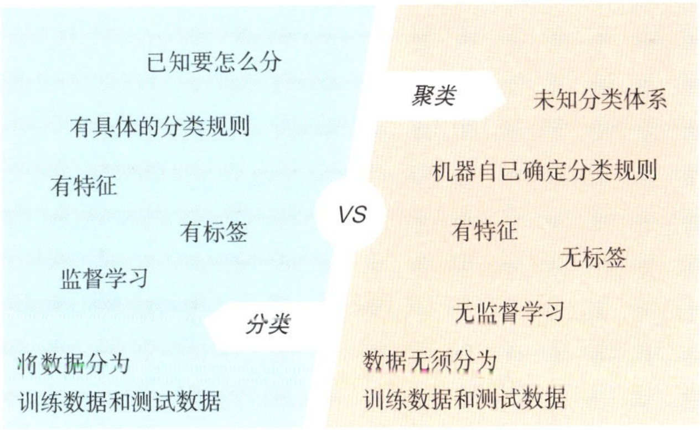

已知要怎么分
有具体的分类规则
有特征
　　　有标签
监督学习

将数据分为
训练数据和测试数据

VS

聚类　未知分类体系

机器自己确定分类规则

有特征
　　　无标签
无监督学习

分类

数据无须分为
训练数据和测试数据

监督学习	"这是中杯,这是大杯,这是超大杯。"	
无监督学习	"爸妈没有提要求,积木怎么分群我自己做主。"	

练习 2

(1) 请将下面的定义与专业名词进行连线。

抽象概括能力

无监督学习 —— 机器通过对给定示例的结果和特点进行分析与学习,建立规则。利用这些规则,当再给出特征时,机器就可以预测结果。

监督学习 —— 为机器提供没有答案的资料,使机器自行从资料中找出较相似的特征,建立规则,利用相似度来分成不同的群。

第 2 章 会学习的人工智能——赫敏不用苦读了   79

分类能力

（2）模拟无监督学习的思路，圈出其中相似度高的物品。

强化学习——巴甫洛夫与狗

我们的学习

我们人类历史上的发现和发明，都是通过探索习得的。

比如，在很久以前，大家并不知道番茄是可以吃的。番茄的外表鲜红，自然界中这种颜色鲜红的果子大多是有毒的，人们认为番茄肯定也是有毒的。

一直到 1830 年，美国人罗伯特当众吃下了 10 个番茄，第二天，他依旧活蹦乱跳，大家才知道番茄是无毒的。

人类是怎么思考的呢？

我们观察到"罗伯特吃下番茄"的行为获得了"不仅没有

任何中毒症状,还有饱腹感"的奖励性结果。于是大家学会了这件事:番茄是能吃的。

这就是通过"行为与奖惩"的因果关系来探索学习的方式。

你的父母、老师使用过奖惩来对你进行行为管理吗?

比如,你在19:00之前完成作业,今天就能看一集动画片。这是对你良好行为的奖励。

比如,你嘲笑了其他学生,受到老师的严厉批评。这是对你不良行为的批评。

我们想要获得奖励,于是早早完成作业;我们不想受到批评,于是友善地对待同学。

这种通过"行为——奖惩"来学习的方式,就对应机器学习中的强化学习。

机器的学习

让我们看一看 AI 是如何进行强化学习的。

我是一个使用防火材料制作的火灾逃生机器人,下面我们一起模拟一个"火灾逃生"的游戏,目标是带着火场中的小狗逃生。

由于火场中可供小狗呼吸的氧气有限,我要尽量走最短路线。并且,由于火灾现场浓烟滚滚,可见度非常有限,我只能看到自己所在的格子是安全还是危险的。

如果遇到火焰,那么本轮游戏失败。如果最终从逃生口逃出,那么游戏成功。

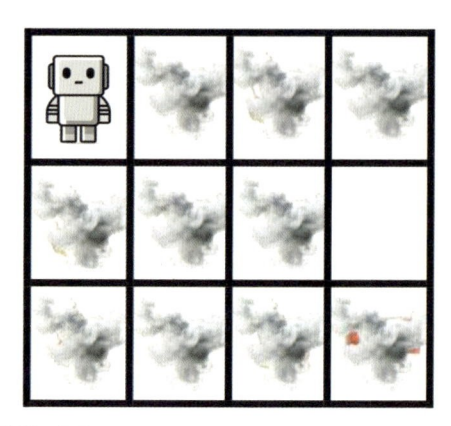

下面开始游戏吧!

第 1 步

如果向下走(1-1),遇到火焰,游戏结束;如果向右走,安全。于是,第 1 步向右走(1-2)。

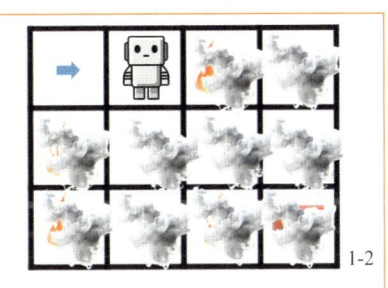

第 2 章　会学习的人工智能——赫敏不用苦读了

1-1　　　　　　　　　　　　1-2

第 2 步

如果向下（2-1），安全；如果向右（2-2），遇到火焰，游戏结束。于是，第 2 步向下走（2-1）。

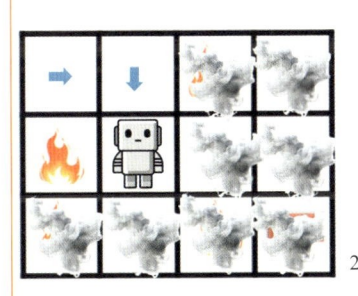

2-1　　　　　　　　　　　　2-2

第 3 步

此时有两种可能，向下（3-1）或向右（3-2）都安全。

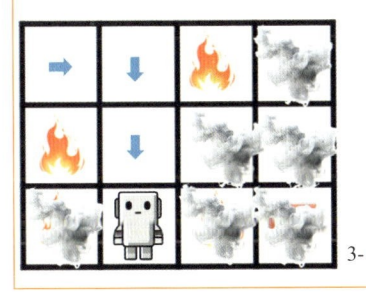

3-1　　　　　　　　　　　　3-2

第 4 步

假如按照（3-1）的走法，那么第 4 步只有向左（4-1）和向右（4-2）两种走法，这两种走法都会遇到火焰，因此（3-1）的走法被排除。

4-1　　4-2

假如第 3 步按照（3-2）的走法，那么第 4 步向下走（4-3）会遇到火焰，向右走（4-4）安全。因此第 3 步向右走，第 4 步也向右走。

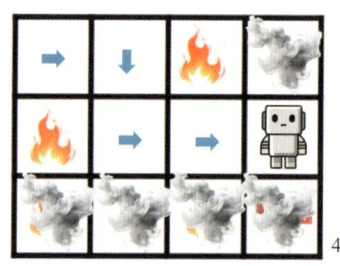

4-3　　4-4

第 5 步

向哪里走呢？如果向上（5-1），那什么都不会发生；如果向下（5-2），就是出口。因此，第 5 步向下走。

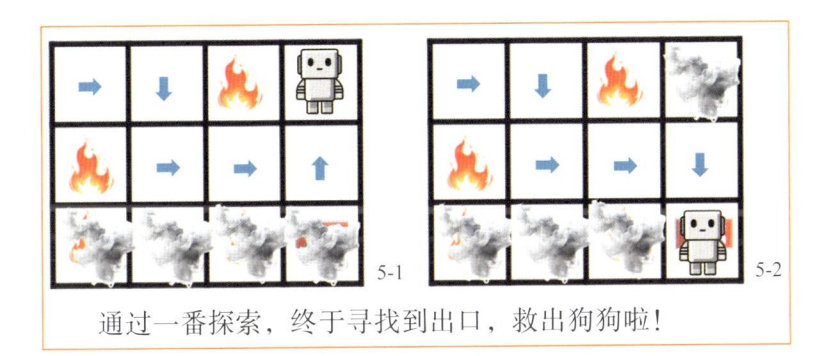

第 2 章 会学习的人工智能——赫敏不用苦读了

5-1

5-2

通过一番探索，终于寻找到出口，救出狗狗啦！

（文小言生成）

在强化学习中，没有示例，没有标签，没有特征，只有奖惩。在这个游戏中，遇到火焰相当于受到惩罚，走到安全地点相当于得到奖励。避开惩罚的方向，走向奖励的方向，这样一直探索，就能找到出口。

巴甫洛夫驯狗时，将"铃铛响"和"骨头奖励"联系在一起，小狗就认为每当铃铛响就会有奖励，于是当铃铛响的时候就会做出"分泌唾液"的行为。

每次吃骨头时,都有铃铛响。铃铛响了,就是要吃骨头啦!

练习 3

分析能力　**综合能力**

寻找路线最优解:请尝试安排小强同学一天的行程。

小强同学在周末非常忙碌,这是他一天中要完成的任务:

①打卡线上英语课,完成 2 篇阅读理解题目和 1 篇朗读:阅读理解题目只要有手机就能完成,大约要 20min;朗读需要在安静的环境下才能完成,大约需要 30min。

②上一节逻辑课,上课的固定时间为 10:40～11:40。

③进行 40min 户外体育活动,地点通常是家附近的体育场。

④看望奶奶并一起吃晚饭,但一定要在 16:30 之前到达奶奶家。

⑤参加朋友的生日派对,生日派对在下午 2 点开始。

请根据小强一天的活动和地图规划他的路线吧。

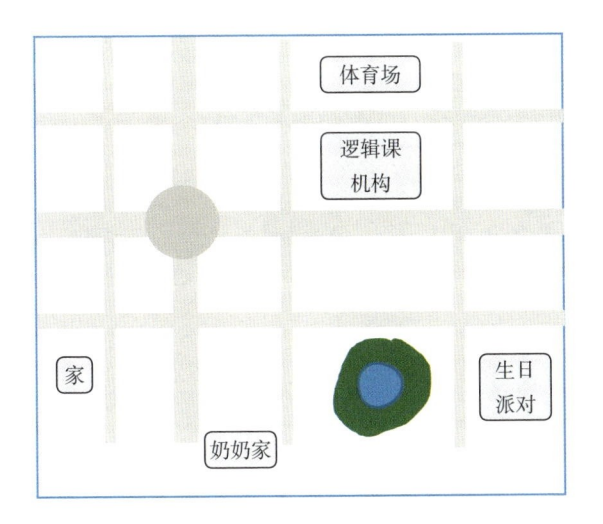

⊙ 阅读材料

机器学习的发展历程

机器学习的发展不是一蹴而就的,它主要经历了 3 个阶段:

①符号主义阶段,让计算机学会像人一样思考和推理。

②统计学习阶段，通过大量数据让计算机学会发现规律和模式。

③深度学习阶段，通过提高运算能力，让计算机通过深度学习方法处理更复杂的任务。

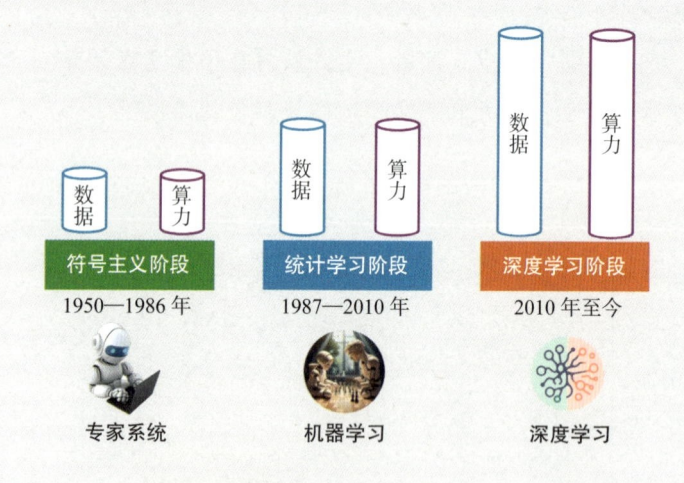

符号主义阶段	统计学习阶段	深度学习阶段
1950—1986 年	1987—2010 年	2010 年至今
专家系统	机器学习	深度学习

首先，在符号主义阶段，人工智能的目标是"像人一样思考和推理"。

例如，科学家让计算机学会像小侦探一样进行推理。如果计算机知道"所有的猫都喜欢吃鱼"，又知道"小明有一只猫"，那么它可以推断出"小明的猫也喜欢吃鱼"！

这种经典的三段式推理展示了计算机模拟人类思考和推理的能力。在这一阶段，对数据和算力的需求较低。

第 2 章 会学习的人工智能——赫敏不用苦读了

然后，到了 统计学习阶段，机器学习成为核心技术。此时，计算机可以从大量数据中学习并发现规律。

例如，如果给计算机提供不同颜色的气球照片，它就能学会按颜色对气球分类。

这一阶段，人工智能在某些领域已具备超越人类的能力。2011 年，在从统计学习向深度学习过渡的阶段，IBM 的 Watson 在知识竞赛中击败两位冠军选手，展示了统计学习技术的巅峰水平。

最后，在 深度学习阶段，计算机变得更加智能。随着数据

量的提升和算力的增强，AI 可以同时处理多项任务，并且从数据中总结规律的能力大大提高，从而产生了能够处理文字、图片甚至视频的 AI。

例如，2020 年发布的 GPT-3 模型拥有 130 亿个参数，对未知物体的识别准确率达 94%；而 2021 年发布的 GPT-3.5，参数量提升到 1750 亿，准确率提高到 98%。AI 已真正融入我们的生活，催生了自动驾驶、大语言模型和 AI 绘图等技术，帮助我们应对复杂问题。

图解机器学习算法——玩转数据魔法

我们学习不同的学科,要使用不同的方法。例如,语言类学习需要多听多读,学习生物、物理则需要做实验。

机器也一样,它们处理不同类型的问题会使用不同的方法。这些方法有明确的步骤,我们称之为算法。

监督学习:分类问题

机器在处理分类问题时,有两种常见的算法:k 近邻算法(也叫作 kNN 算法)和感知器。这两种算法分别是怎样工作的呢?

小强的哥哥想要参加学校社团,他对游泳和篮球都很感兴趣。这时候,他想让 AI 帮助他做选择。下面是现有游泳社团和篮球社团成员的数据,AI 会帮他选择哪个社团呢?

①游泳社团的成员数据:

参数	1	2	3	4	5	6	7
肺活量 /l	4.0	3.8	3.6	3.9	3.7	3.5	3.8
身高 /cm	180	170	180	178	173	182	176

②篮球社团的成员数据:

参数	1	2	3	4	5	6	7
肺活量 /l	3.5	3.2	3.0	3.3	3.1	3.4	3.2
身高 /cm	185	190	188	192	187	188	186

为了方便下面的分类,我们先将游泳社团和篮球社团中的成员以及小强哥哥的数据标记在"身高 – 肺活量"坐标系中。

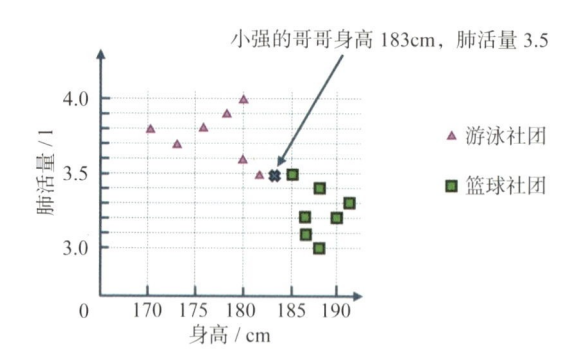

[图：小强的哥哥身高183cm，肺活量3.5；纵轴 肺活量/l，横轴 身高/cm；游泳社团▲，篮球社团■]

k 近邻算法（*k*NN 算法）

使用 *k*NN 算法时，假设 *k* 为 3，我们以小强哥哥的数据❈为圆心，画一个圆，要求圆内除了小强的哥哥之外，还包含其他 3 人的数据。这时，圆内▲更多，因此小强的哥哥会被划分到游泳社团。

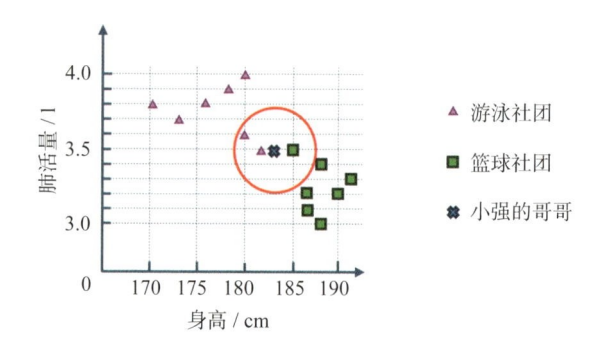

[图：圆圈包含小强的哥哥及附近3人数据；▲ 游泳社团，■ 篮球社团，❈ 小强的哥哥]

如果 *k* 为 5，小强的哥哥会去哪个社团呢？

如果 *k* 为 5，我们要以小强的哥哥的数据❈为圆心，画一个圆，包含其他 5 人的数据。

这时圆内■更多，因此小强的哥哥会被划分到篮球社团。

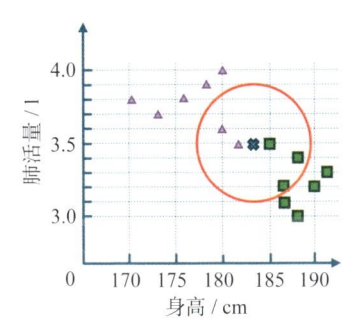

第 2 章　会学习的人工智能——赫敏不用苦读了

▲ 游泳社团
■ 篮球社团
✖ 小强的哥哥

k 不同，结果就不同了呀。

是的，不过这个 k 是由人类来定义的，你们是有很大影响力的。

这个算法不如叫"墙头草"算法，根据 k 画个圈，在圈内哪边人多势力大，就把小强的哥哥分到哪一边。

对呀，这个算法的名字就是这个意思。

k 是指你们定义的参数，NN 是指 Nearset Neighbor，就是"附近""邻居"的意思。也就是说，分类的时候主要看周围的邻居是什么情况。

感知器

在使用"感知器"来解决这一问题时,我们要在横坐标轴上找到一条垂线,将▲和■划分到线的两边(或者在纵坐标轴上找到一条能清晰划分两类数据的垂线)。

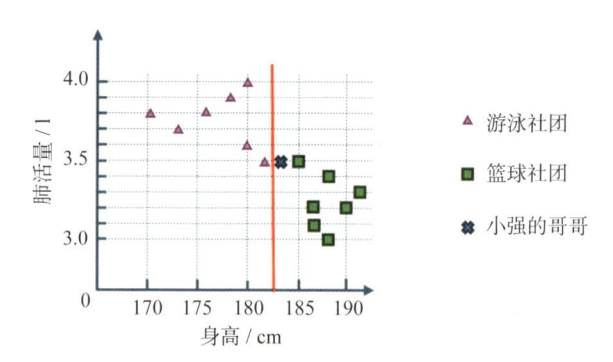

现在,这条线的左边都是游泳社团成员,线的右边都是篮球社团成员。而小强的哥哥的数据位于线的右边,因此被分类到篮球社团。

> 在这个例子中,两个社团成员的数据正好可以被一条线分开。要是一条线分不开,就不能用这个方法了。

练习 4

分析能力　综合能力

第 2 章　会学习的人工智能——赫敏不用苦读了

如果你是小强的哥哥，对游泳和篮球都很喜欢，根据目前已知的数据，你会选择去哪个社团，为什么？

监督学习：回归问题

除了分类问题之外，监督学习还可以用于处理回归问题。

还记得回归问题是什么吗？如果不记得可以回到第 1 章复习一下。

这个我记得，就在第 1 章的最后一节。让我把书翻回去看一看。

"回归"就像是"预测"，根据过往数据预测未来情况。

假设你购买了 2.5kg 土豆、3kg 西红柿，现在菜市场中土豆的价格是 4 元 /kg，西红柿的价格是 3 元 /kg。那么，结账时收银员应当收你多少钱呢？

这是一道很简单的数学应用题：

土豆单价 × 土豆重量 + 西红柿单价 × 西红柿重量 = 总价

4 元 /kg × 2.5kg + 3 元 /kg × 3kg = 19 元

只是现实情况往往比题目要复杂一些：

♥ 假设这是一个没有直接标价的菜市场，你并不知道蔬菜的单价是多少，你只有过往 10 次购买土豆和西红柿的重量，以及每次付款的总价。蔬菜的单价需要你推测得出。

♥ 蔬菜的单价是浮动的，有时候还有折扣活动。

于是，AI 在运算时只能先假设蔬菜单价，再利用公式计算假设的总价，并且不断调整假设值，直到假设的总价和根据数据得出的总价之间的误差尽可能小。

我们举一个简单的例子来理解。

一个孩子从 5 岁起每年生日都会记录自己的身高，请预测 12 岁时她的身高。

年龄 / 岁	5	6	7	8	9	10	11
身高 /cm	110	118	125	130	135	140	144

在这个例子中，我们无法直接使用年龄推测身高。所以，我们可以先以年龄数据为横坐标，以身高数据为纵坐标，建立坐标系，并在坐标系上标注出已知数据的点。然后，我们可以画出一条直线，让已知数据的点尽可能位于这条线上，或者距离这条线比较近。这种可以将点分布在一条直线上的情况，属于回归问题中的线性回归。

我们现在可以认为，这个孩子的"年龄 – 身高"数据点都会位于这条直线上，于是根据这条线，我们预测她 12 岁时的身高可能是 155cm。

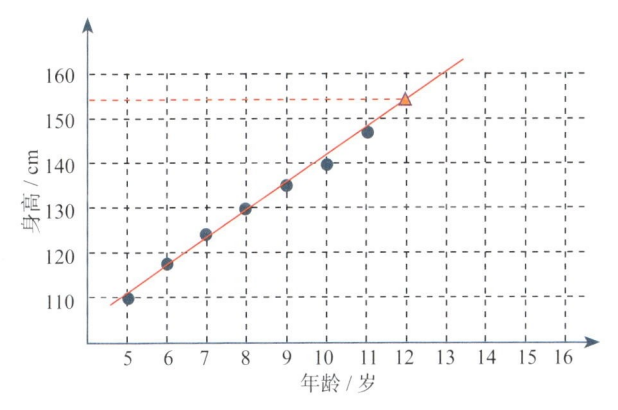

第 2 章　会学习的人工智能——赫敏不用苦读了

在这个案例中，我们根据年龄来推测身高，我们称年龄是**自变量**，身高是**因变量**。

监督学习方法处理的问题有两种，一种是分类问题，另一种是回归问题。

两类问题看似不同，其实有一些相同之处：都需要人类"投喂"很多数据，这些数据中既要有"已知输入"，又要有"未知输出"。

在分类问题中,"已知输入"是动物的特征,"未知输出"是这个动物是不是猫咪的结果。

在回归问题中,"已知输入"是年龄,"未知输出"是身高。

在教 AI 学习的时候,训练数据里要包含"已知输入"和"未知输出"。AI 学成后,我们就可以输入给它任意已知的数据,然后请 AI 输出真正未知的数据。

分类问题要预测的是类别。类别可以使用整数来表示,例如:1 代表垃圾邮件,0 代表正常邮件。

分类问题

VS

回归问题

回归问题要预测的是数据。这些数据不一定是整数,也可能是小数。
例如:身高、超市购物的付款金额。

无监督学习:聚类问题

聚类问题与分类问题有些相似,但聚类更像是分群。在分群之前,我们并不知道会分成哪些类别,而是依据数据的相似性来进行划分。

让我们用一个案例来理解吧。

学校想要设置一些校车接送点,学生们上学、放学可以到校车接送点乘坐校车。

第 2 章　会学习的人工智能——赫敏不用苦读了

图中的点 A～F 代表学生居住的小区在地图上的位置，这片区域计划设置一个校车接送点，怎样安排这个校车接送点的位置才合理呢？

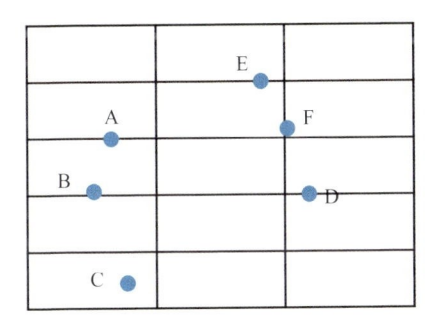

AI 在面对这样的问题时，要使用什么算法呢？

阶层式分群

我们使用直尺，对地图上的点 A～F 进行测量。

测量这 6 个点两两之间的距离，找到距离最近的两个点。

我们发现距离最近的两个点是 E 和 F，那么把 E 和 F 划分为第一个群。

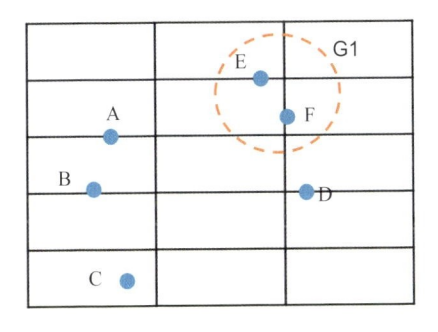

将 E 和 F 组成的群看成一个整体，E 和 F 的中心点就是该群的中心点，记为 G1。

继续寻找 A、B、C、D、G1 中距离最近的两个点。发现 A 和 B 距离最近，形成新的群，新群的中心点记为 G2。

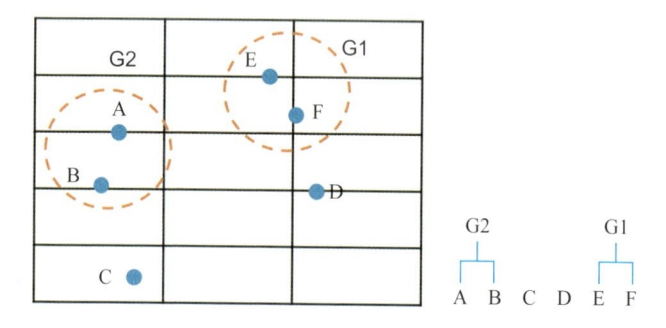

寻找 C、D、G1、G2 中距离最近的两个点。发现 D 和 G1 距离最近，再次形成新的群，其中心点记为 G3。

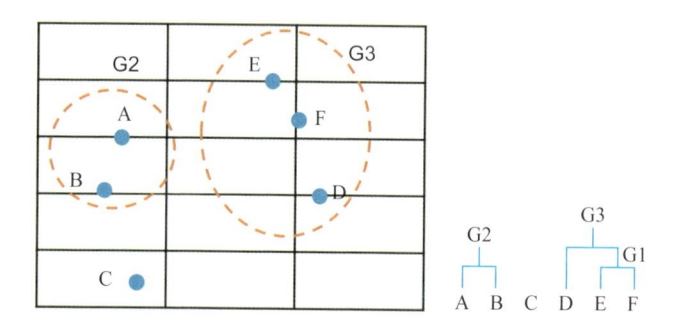

寻找 C、G2、G3 中距离最近的两个点，C 和 G2 距离最近，形成新的群，其中心点记为 G4。

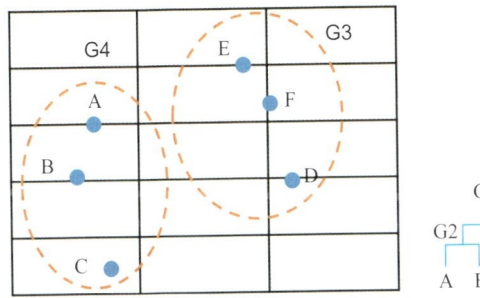

第 2 章　会学习的人工智能——赫敏不用苦读了

G3 和 G4 组合，就形成了阶层图。

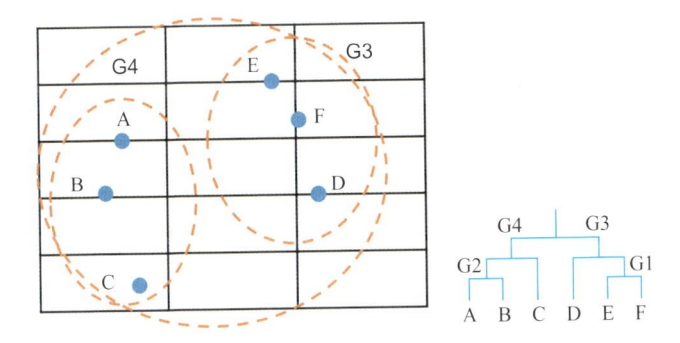

首先，根据阶层图，如果学校只能派出 2 辆校车，那就应当在 G3 和 G4 两个中心点进行派车。

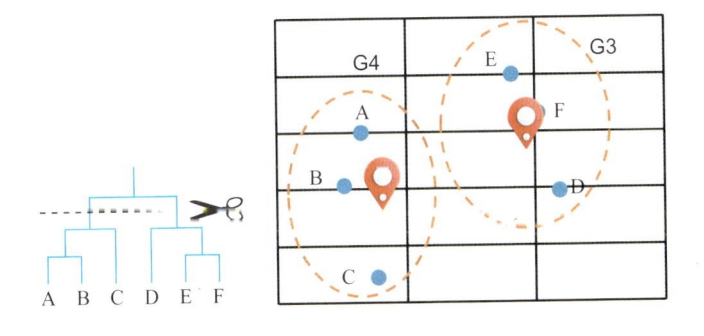

其次，根据阶层图，如果学校可以派出 4 辆校车，那么应当在 G1、G2 以及 C、D 点进行派车。

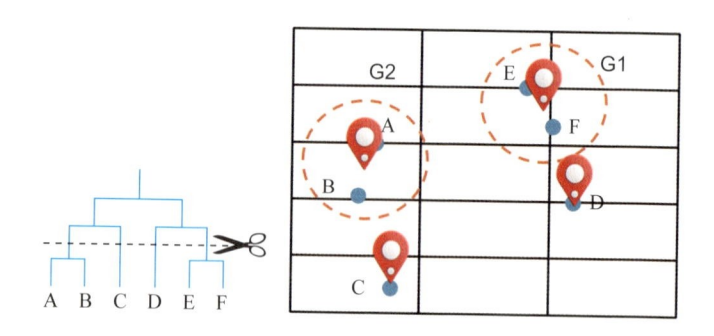

k 均值（k-means）分群

第 1 步

利用 k 均值分群方法，就要预先设定将数据分为几个群，在我们的案例中就是设定学校要派出几辆校车。

假设均值为 2，就是要将数据分为 2 个群，要派出 2 辆校车。

第 2 步

随机设定两个点作为校车接送点。

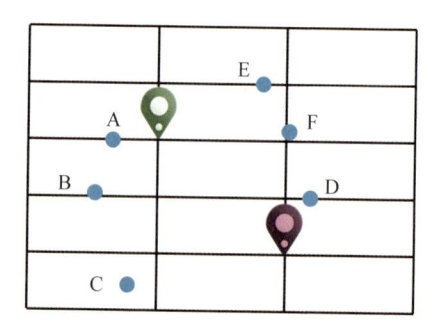

第3步

计算每个居住点与校车接送点的距离。居住点距离哪个校车接送点近,就被分到哪个群里。

在这里我们用绿色和紫色重新标记居住点,区分两个群。

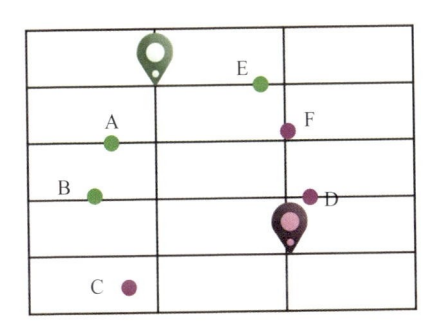

第4步

分别寻找紫色和绿色两个群的中心点,中心点作为新的校车接送点位置。

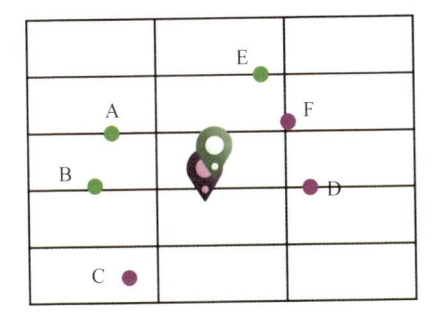

不断重复第3步和第4步,按照新的校车接送点位置重新给居住点分群,再移动校车接送点位置,直到校车接送点不再发生变化。

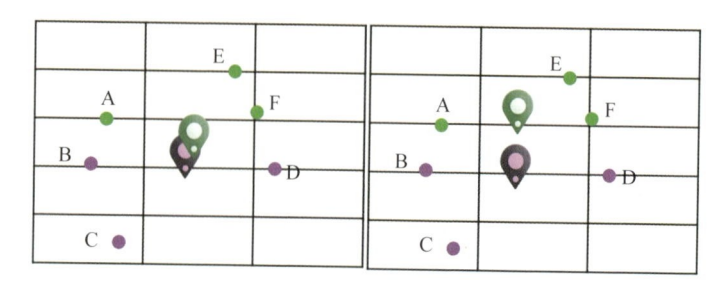

最后就能确定绿色和紫色两个校车接送点。

练习 5

（1）我们的任务是将长颈鹿、斑马、狗、狐狸、鸡分成 3 个群。下面是这些动物的阶层图，这 3 个群是什么样的呢？

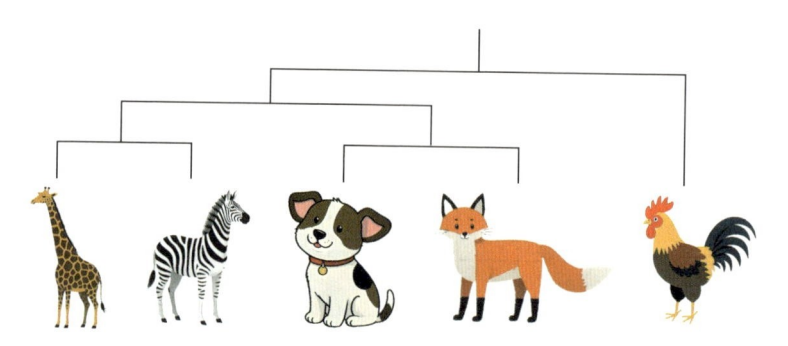

（2）小美画了一张图来总结这一章学到的内容，但是这张图被小咪踩脏了，你能帮她补充完整吗？

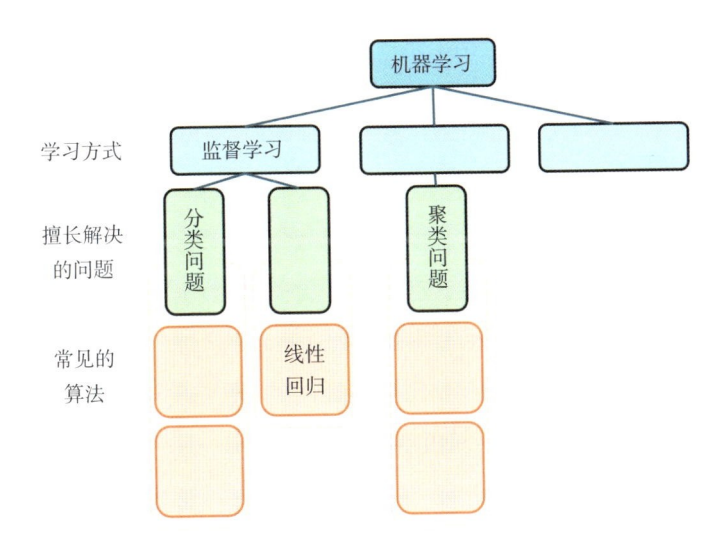

第2章 会学习的人工智能——赫敏不用苦读了

```
                          机器学习
                 ┌───────────┼───────────┐
学习方式      监督学习                          

擅长解决      分类        聚类
的问题        问题        问题

常见的              线性
算法                回归
```

> 强化学习方法适合解决什么问题呢？
> 解决序贯决策问题时，人工智能做动作，环境给反馈，这个过程和强化学习很匹配。

我们的收获

老师带大家玩积木时，有的老师会先讲积木的名字和用法再让我们探索，有的老师会先让我们自己探索，然后讲解。

对于我们学生来说，这就是两种不同的学习方式。

老师直接给我讲解，我学得会很快。

老师让我自己探索，我学会的东西不容易忘记。

AI 在解决不同问题时会使用不同的算法。

我在处理不同问题时，也要使用不同的方法。

要是我把家里蔬果店过去每天进多少蔬菜的数据提供给 AI 软件，它是不是能帮我预测每天应该进多少蔬菜？

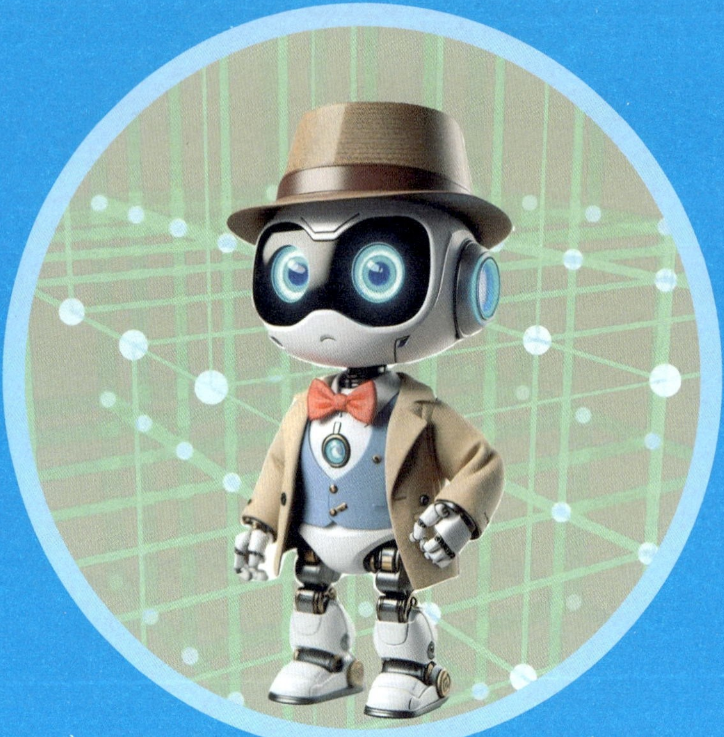

第3章

会推理的人工智能——柯南最想要的搭档

（柯南是动画作品《名侦探柯南》中的一位侦探）

会学习的 AI 这么聪明，解谜题的表现怎么样呢？

太小看我了，我不仅能解谜题，我还会读心术呢。

"读心术"？那在你面前岂不是没有秘密？

侦探办案时最想要的搭档，就是你了吧？

第 3 章　会推理的人工智能——柯南最想要的搭档

决策树——会"读心术"的人工智能

这是一个会读心术的人工智能"20Q"。只要你回答它约 20 个问题，它就能猜出你心中所想的物品。

游戏规则：

①请打开网络浏览器，输入 http://20q.net，按照提示参与游戏。

②在心里想一个物品。

③AI 会问你一些问题，你只需要选择"是""否"或者游戏中提供的其他选项。

④大约 20 轮之后，AI 就可以猜出你心里想的是什么。

Q17. 我会猜它是鸡？
是，否，接近

16. 您会使用它制作其他东西吗？是。
15. 您是否在动物园里见到它？是。
14. 它可否作为通信用途？罕见的。
13. 它有短毛吗？是。
12. 它是绿色的吗？罕见的。
11. 它有没有长尾巴？是。
10. 它是啮齿动物吗？否。
9. 它会与其他人类接触吗？是。
8. 它会游泳吗？否。
7. 它一般是切片的还是切碎的？存疑。
6. 您会佩戴它吗？否。
5. 它生活在森林里吗？否。
4. 它是群居动物吗？可能。
3. 它有爪子吗？是。
2. 它是不是小型哺乳动物？否。
1. 它分类为**动物**。

参与这个游戏以后：

- ♥ 你想让 AI 猜的是＿＿＿＿。
- ♥ 它猜出来了吗？
- ♥ 它一共问了几个问题？
- ♥ 这些问题有什么特点呢？

为什么通过大约 20 次提问，AI 程序就能猜出你想的是什么呢？你是否觉得很神奇？

让我们来模拟一下 AI 的思维方式，玩个小游戏吧！

- ♥ 游戏人数及分工：每轮游戏有两位玩家，一位扮演"AI 程序"，另一位作为"人类玩家"。
- ♥ "AI 程序"的提问方式：请针对特征，提出简洁的、可用"是"或"否"回答的问题。像"它有爪子吗？""它是宠物吗？"这样的提问都是围绕特征展开的。每个问题都被设计成能用"是"或"否"来回答的一般疑问句。
- ♥ "人类玩家"的考虑范围：为了降低游戏难度并模拟 AI 的数据有限这一特点，我们假设"人类玩家"只能从以下 20 种动物中选择一个（玩完两轮后，玩家们可以协商是否扩大或更改选择范围）。

第 3 章　会推理的人工智能——柯南最想要的搭档　　113

海星	兔子	熊猫	孔雀	猫头鹰
鲨鱼	小丑鱼	白头鹰	海鸥	麻雀
海狮	老虎	长颈鹿	公鸡	金鱼
羚羊	猫	梅花鹿	鹦鹉	海龟

我来扮演 AI 程序，先进行提问。

我是人类玩家，我已经想好一个动物啦。

现在，游戏开始，请扮演 AI 程序的玩家先进行提问。

它生活在水里吗　　否。

那我应该把海洋里的动物排除掉。

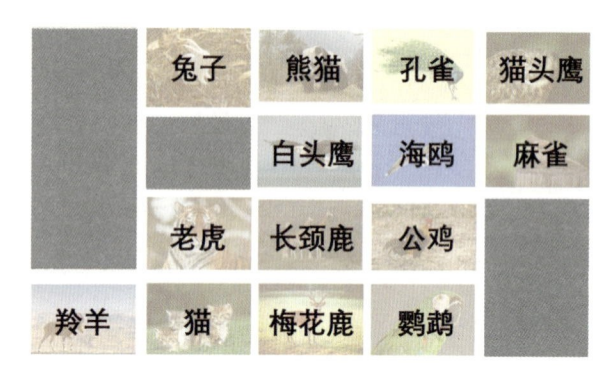

人工智能真好玩

	兔子	熊猫	孔雀	猫头鹰
		白头鹰	海鸥	麻雀
	老虎	长颈鹿	公鸡	
羚羊	猫	梅花鹿	鹦鹉	

它会飞吗？　　否。

	兔子	熊猫		
	老虎	长颈鹿		
羚羊	猫	梅花鹿		

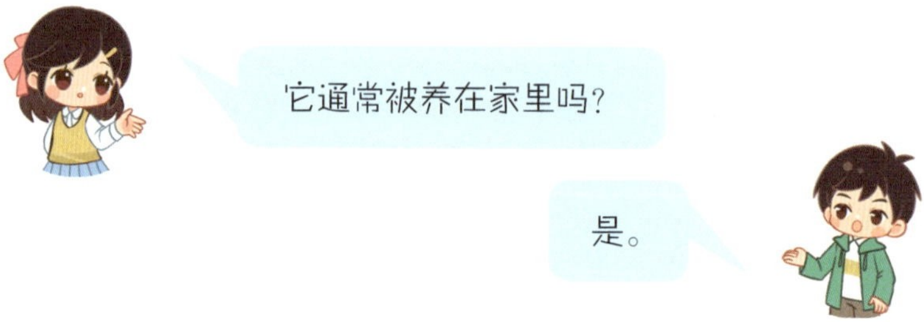

它通常被养在家里吗？

是。

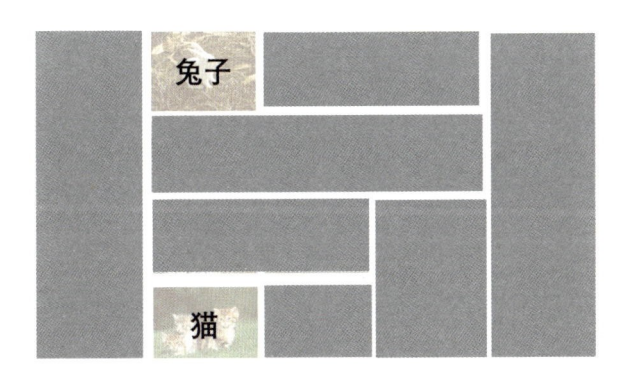

第 3 章 会推理的人工智能——柯南最想要的搭档

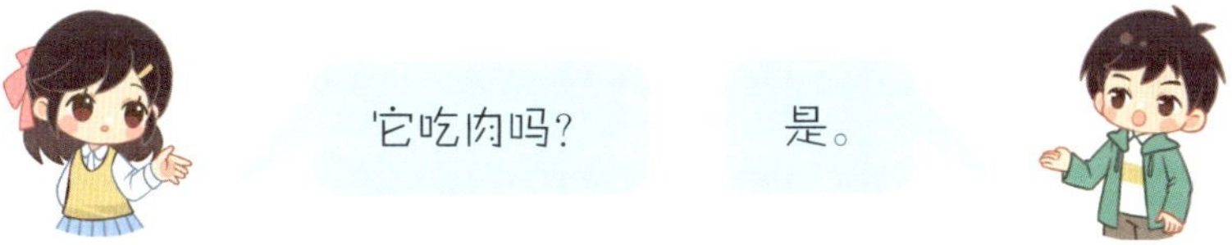

它吃肉吗? 是。

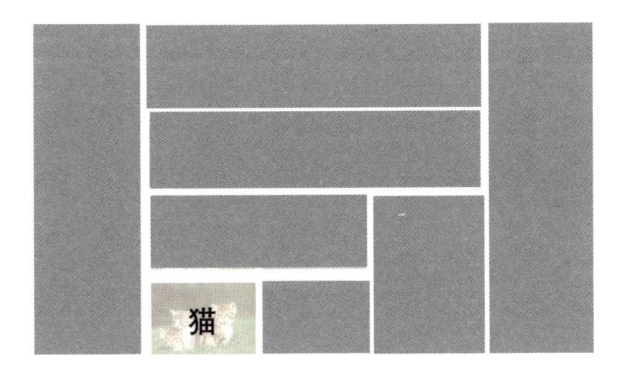

它是猫吗? 是!

小美问了4个问题就猜出来了，很棒哦！

小读者们，快去找你的小伙伴或者爸爸妈妈一起试一试这个游戏吧！

在上面的游戏中，小美是用排除法来得到最终答案的。而真正的AI是通过一种叫作"决策树"的方法来玩这个游戏的。将"决策树"的思维路径描绘出来，就是下面这样的树形结构。

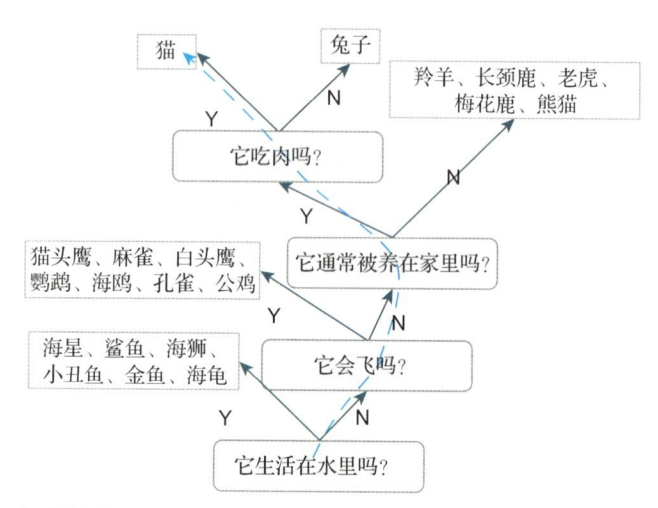

```
猫        兔子
 ↖Y      ↑N           羚羊、长颈鹿、老虎、
    它吃肉吗?            梅花鹿、熊猫
         ↑Y          ↗N
         它通常被养在家里吗?
猫头鹰、麻雀、白头鹰、  ↑Y    ↖N
鹦鹉、海鸥、孔雀、公鸡
              它会飞吗?
海星、鲨鱼、海狮、  ↑Y    ↖N
小丑鱼、金鱼、海龟
              它生活在水里吗?
```

在决策树模型中有许多像树枝一样的分叉，这些分叉的尽头就像树叶。每个针对特征提出的问题都是一根分叉的树枝，这个问题指向的最终答案就是树叶。

AI就是通过反复提问，不断寻找到正确

的树枝,逐步缩小范围,最终找到答案的。

不过它的数据存储量非常大,计算速度非常快。

> 这是一些决策树的专业术语,你可以了解一下,我们后面交流起来会更方便。

请了解这些术语!

- ♥ 节点:决策树的分叉点,代表你提出的问题,如"它生活在水里吗?"。"它会飞吗?",经过每个节点后,树枝会进一步细化。
- ♥ 叶子:树枝的末端,此处不能再分叉,代表找到的答案(如"猫")。
- ♥ 根节点:树的起点,这是第一个节点,即我们提出的第一个问题,如"它生活在水里吗?"
- ♥ 父节点和子节点:两个相邻节点中,前一个节点(问题)为父节点,后一个节点(问题)为子节点。例如,在小美和小乐的游戏中,"它会飞吗?"是父节点,而"它通常被养在家里吗?"是子节点。

练习 1

(1)你能画出一棵决策树,经过几次针对特征的判断,最终区分下面这 6 种动物吗?

比较能力

118　　　　　　　　　人工智能真好玩

鱼　　　　　水母　　　　鸽子

狐狸　　　　蜻蜓　　　　大象

（2）小飞侠正在一个植物迷宫中。小飞侠需要在每个节点处选择合适的植物特征，通过判断"Y"和"N"（"Y"表示"是"，"N"表示"否"），最终顺利抵达每种植物所在的位置。

首先你可以查阅资料，了解这 6 种植物的主要特征，记录下来。

睡莲

第3章 会推理的人工智能——柯南最想要的搭档

	苔藓	
	三叶草	
	桂花树	
	银杏树	
	荷花	

然后，根据你对这6种植物的了解，请按照节点编号，将下面的分类特征放置在正确的节点处，并补全每个分支上的"Y"和"N"（"Y"表示"是"，"N"表示"否"）。最终，让小飞侠能沿着正确的路径找到每种植物吧！

人工智能真好玩

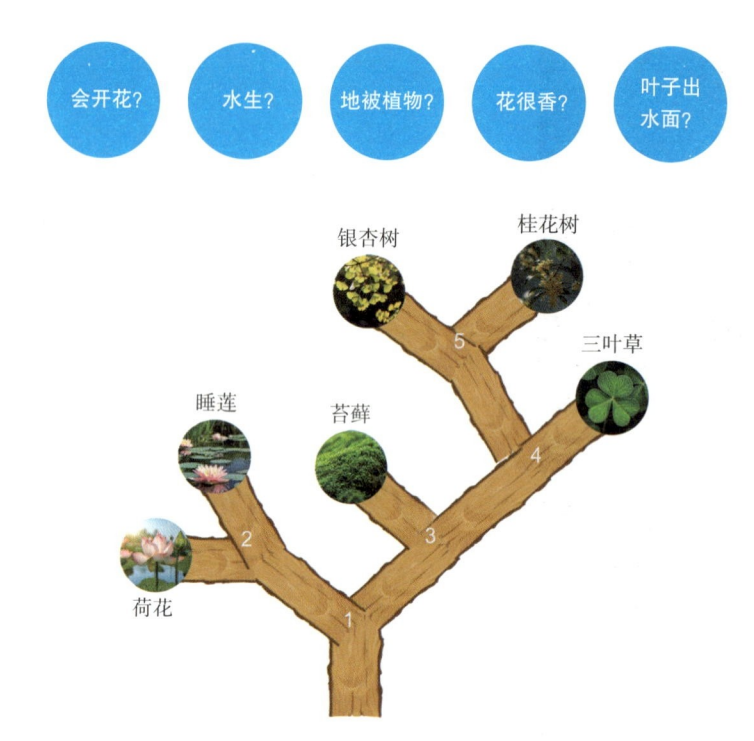

会开花？　水生？　地被植物？　花很香？　叶子出水面？

银杏树　桂花树
三叶草
睡莲　苔藓
荷花

我学会啦！这样我上生物课时，就可以用决策树来区分植物和动物了，这种方法真直观。

画决策树会让我查找植物的特征，然后互相比较，找到能够区分它们的关键特征。

带着目的去学习，能加深我的记忆和理解。

博弈树——会下棋的人工智能

看来决策树就是你会读心术的秘诀了!

除了决策树之外,我还可以用别的树形结构进行推理。

比如,玩井字棋我可以用博弈树。

游戏规则:在九宫格的棋盘上,一个人持 ✖ 棋,另一人持 ◯ 棋,两人轮流下棋,谁先将三个子连成一条线,谁就获胜。

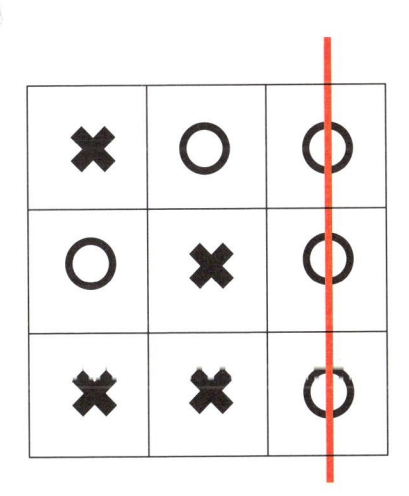

人工智能真好玩

我们来试试吧！首先找同伴或和电脑下几局，试着找到"先手不会输"秘诀吧！也就是说，在下棋时，如果你下的是第一个子，那么有什么秘诀能让你落子不会输呢？请尝试画在下面的九宫格棋盘中。

找到你的秘诀了吗？

我这里有一个方法，你们可以试一试。

只要前 3 步按照我说的来，保证你不会输。

第3章 会推理的人工智能——柯南最想要的搭档

井字棋"先手不会输"秘诀

第1步，落子在中间位置。

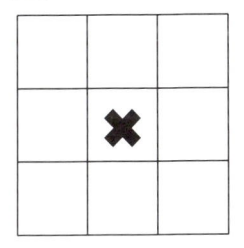

第2步，落子在4个角的任一位置。

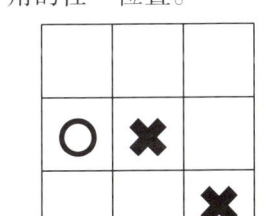

第3步，阻止对手连线，或自己完成连线。

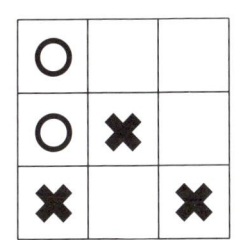

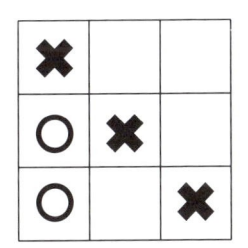

真的耶，我已经掌握这个游戏的秘诀了！

现在游戏升级了，让我们进入"残局玩法"！

在下面的残局（也就是下了一半的棋局）中，下一步轮到棋子 ○ 了。如果你是这一步的下棋人，你要下到哪里才会赢呢？

人工智能真好玩

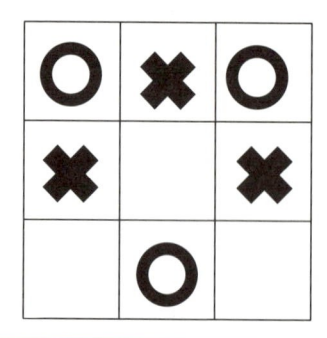

让我先思考!

如果是我,我会下在:

这样的结果是:

你是如何思考的呢?

而我会使用"博弈树"来帮助思考。

下面是我完成这道题目时的博弈树模型。

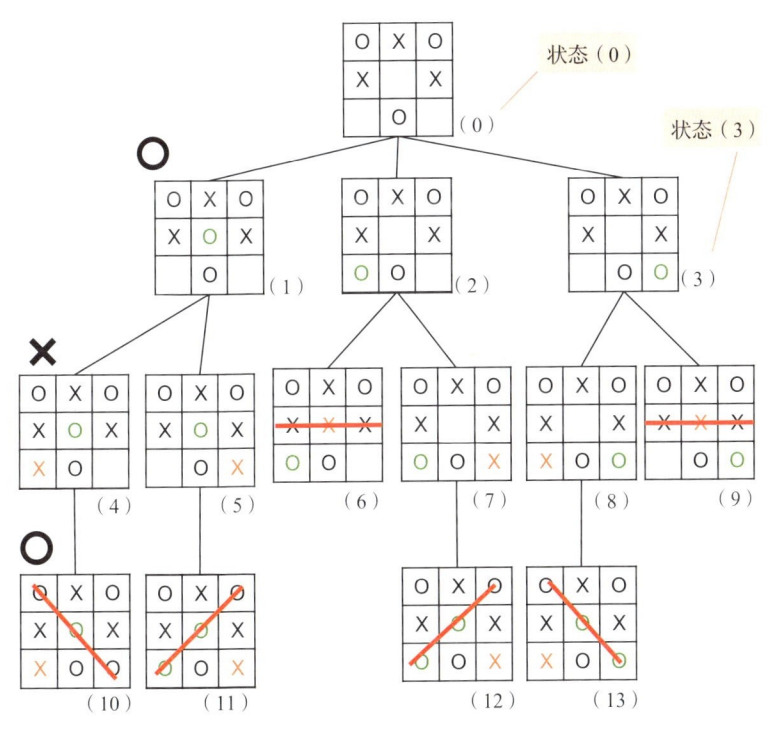

第3章 会推理的人工智能——柯南最想要的搭档

①状态(0)表示初始的残局,在博弈树的结构中,这一节点位于树根部。

②然后,把 ○ 可能落子的3个子节点都列出来,分别标记为状态(1)、状态(2)、状态(3)。

③每种状态下又各有两种 ✖ 可能的落子位置,我们标记为状态(4)~状态(9),其中状态(6)和状态(9)的游戏到此结束,✖ 获胜!

④状态(4)、状态(5)、状态(7)、状态(8)的棋局还能继续落子,将 ○ 落子后的棋局标记为状态(10)~状态(13),这些棋局均为 ○ 获胜。

在博弈树中，如果选择状态（2）和状态（3）的分支，就都只有一半的可能性获胜，所以不能选择它们。

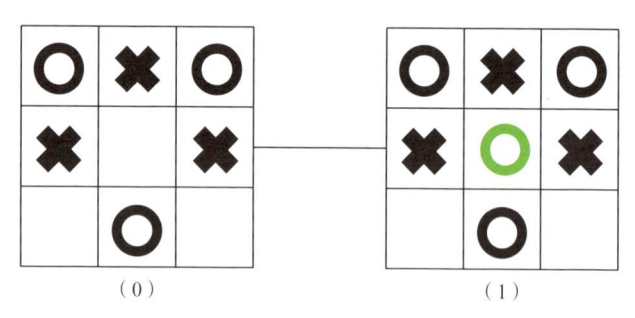

（0） （1）

根据这棵博弈树，状态（1）这条分支的结果为状态（10）和状态（11），稳赢，所以我会选择状态（1）。

博弈树就是把每种状态下一步的全部可能性都列出来，一直列到最后分出胜负为止。

然后，从最后的结果倒推，看前面的每一步应该怎么走。

虽然决策树和博弈树的结构都像树形，但它们的差异还是挺大的。

决策树的节点是针对特征提出的问题，博弈树的节点是棋局的状态。决策树的叶子是由特征指引的最终答案，博弈树的叶子是棋局的输赢结果。

练习 2

在下面这个残局中，下一步轮到〇下子，你会下到哪里呢？在图中标注出来。

推理能力

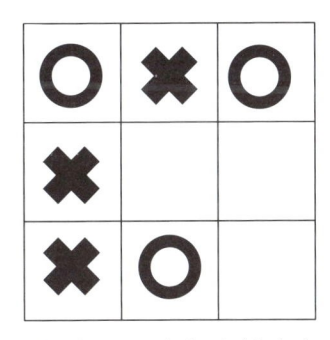

〇	✖	〇
✖		
✖	〇	

请模仿 AI 的思考过程，补充绘制这个残局的博弈树，进行推理。

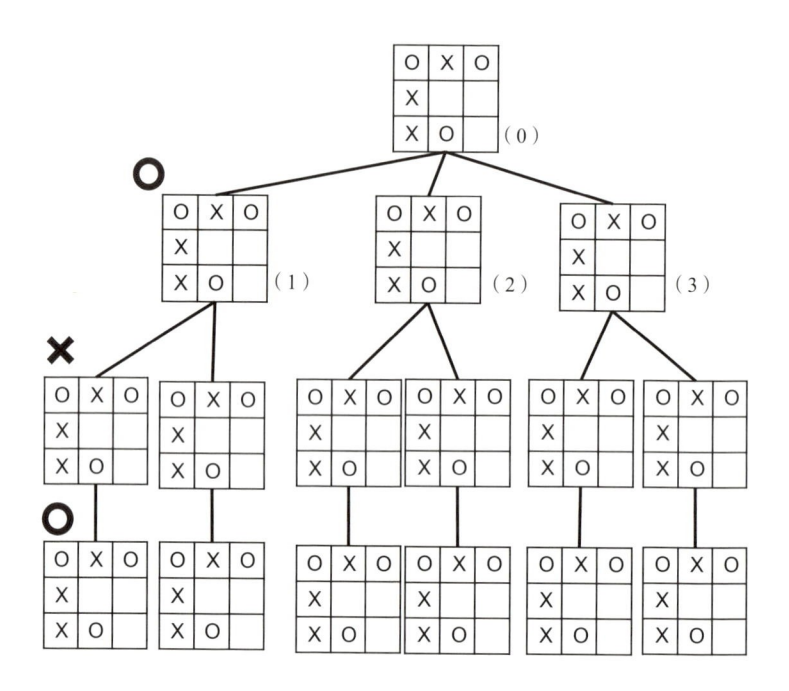

阅读材料

深度优先搜索与广度优先搜索

树形结构已经建立，但 AI 读取这棵树的方式与人类不同。人类通常可以一眼看过去，一目十行，而 AI 则是逐个节点地查看，好似其他部分都被遮住了。它必须先处理当前节点，才能继续查看下一个节点。

AI 对于树形结构进行搜索时，有两种搜索方式：深度优先搜索和广度优先搜索。这两种方式分别是怎样运行的呢？

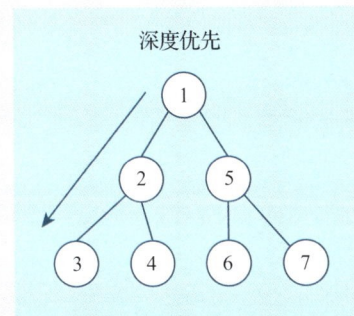

第 3 章　会推理的人工智能——柯南最想要的搭档

深度优先

```
        1
       / \
      2   5
     / \ / \
    3  4 6  7
```

深度优先搜索是沿着一条路径尽可能深入地搜索。

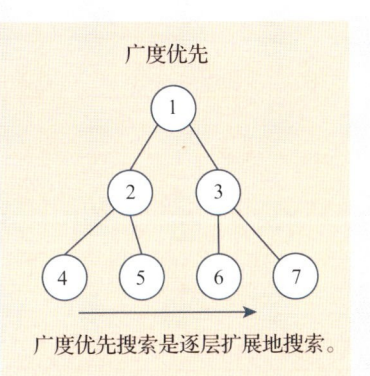

广度优先

```
        1
       / \
      2   3
     / \ / \
    4  5 6  7
```

广度优先搜索是逐层扩展地搜索。

深度优先搜索更注重深度，一条路走到底。

广度优先搜索更注重广度，先探索所有可能的路径。

在井字棋游戏中，应该使用深度优先搜索方法还是广度优先搜索方法呢？

130　人工智能真好玩

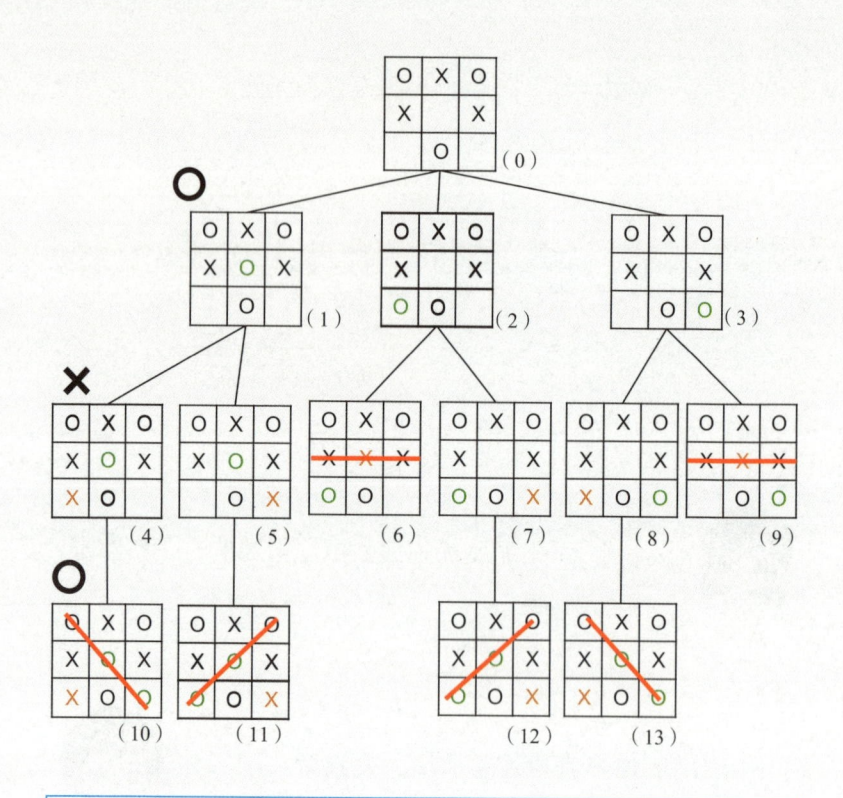

让我先思考!

我认为:

因为:

接下来,让我们来看看小乐和小美的想法吧!

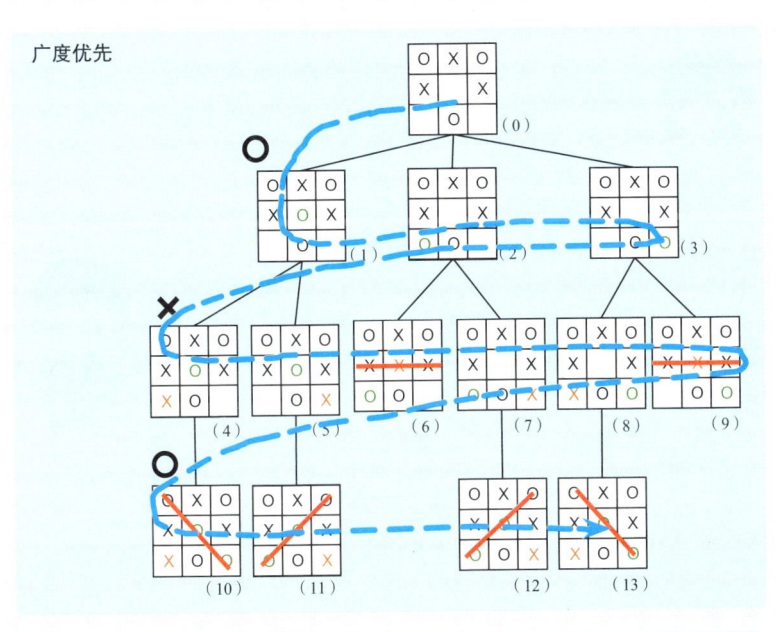

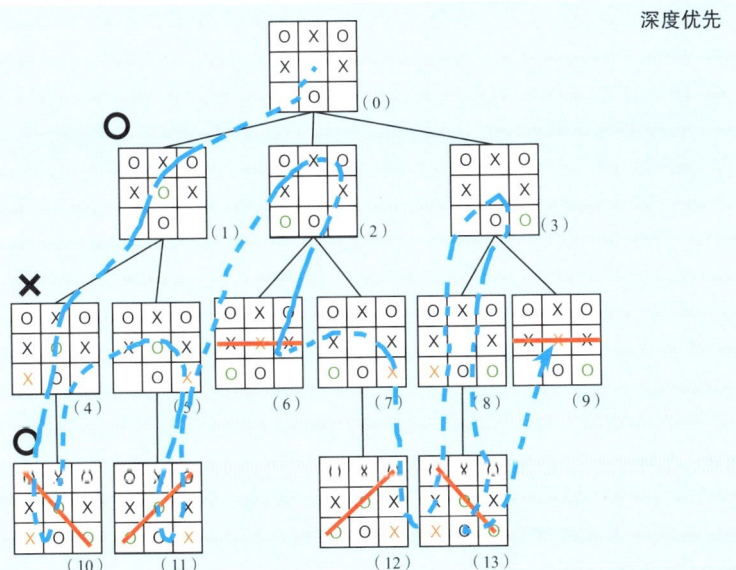

第 3 章 会推理的人工智能——柯南最想要的搭档 131

广度优先

深度优先

如果使用广度优先搜索,那差不多要走完整个树形结构,才能确定该在哪里落子。

如果使用深度优先搜索,有可能只经过 5 个节点就知道该怎么落子了。

神经网络——聪明的人工智能大脑

在井字棋游戏中，棋盘小，很容易就能计算出所有的可能性，但是围棋比井字棋复杂很多，棋盘更大，每一步的选择都对应了后面棋局的无数种可能。

目前能下围棋的 AI，是使用了深度学习和强化学习的方法训练出来的。

"强化学习"我们已经在前面的机器学习方式的内容中学过。那"深度学习"是什么？它和前面已经学过的 3 种学习方式有什么关系？

在阅读材料"机器学习的发展历程"中，我们见过"深度学习"这个词。它在第三次发展浪潮中被广泛使用，是 2010 年后被广泛应用的重要技术。

前面学过的监督学习、无监督学习、强化学习是根据学习任务的不同而划分的。深度学习是一种利用神经网络进行学习的方法，它是按照神经网络的深度来划分的，其神经网络结构包含多个隐藏层。

所以说，深度学习与前面 3 种学习方法的分类角度不同。

AI 小智说的这段话我听不太懂啊!

我也听不太懂,有两个术语我从未听过。一个是"神经网络",另一个是"隐藏层"。

这些术语的确非常影响理解,那我先跟你们说说神经网络和隐藏层是什么吧。

神经网络

人类大脑通过神经网络进行信号的传递,人工智能系统通过人工神经网络进行数据处理。我们这里所说的"神经网络"就是指人工神经网络。

尽管人工智能的神经网络设计受到了人脑神经网络的启

发，但它们的运行方式并不完全相同，人脑和人工智能系统之间存在很多显著的差异。

人工智能系统是怎么通过人工神经网络进行数据处理的呢？

让我们通过一些案例来理解吧。

案例

如果下雨或下雪，就打伞；否则就不打伞。

案例所示的这句话中，既有输入条件，也有输出事件。

这里，输入条件是"是否下雨或下雪"，对应的输出事件是"打伞或者不打伞"。

在 AI 系统中，你可以简单理解为 AI 用传感器检测到的就是输入条件，需要执行的动作是输出事件。

对应的 AI 神经网络共有 3 层：输入层、隐藏层、输出层。

♥ 输入层就是输入条件；

♥ 输出层就是执行的事件；

♥ 隐藏层就是对数据进行处理的部分。

我们可以用神经网络模型对这个案例进行表达：

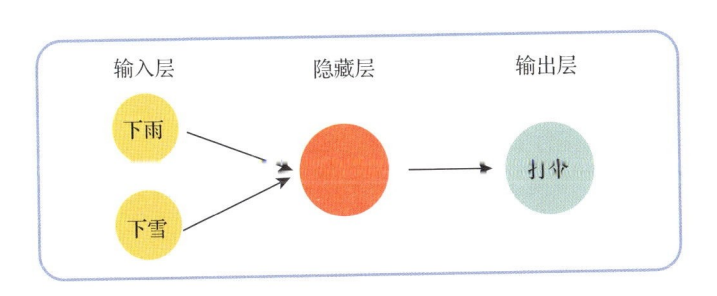

啊，这里出现了那个我们不太理解的术语——隐藏层！

隐藏层

AI 神经网络的结构为 3 层，分别是输入层、输出层和隐藏层。那么隐藏层起到什么作用呢？我们来一起探究！

我们先把"是否下雨或下雪"的 4 种可能情况都列出来。

情况	是否下雨	是否下雪	是否打伞
情况 1	No	No	No
情况 2	Yes	No	Yes
情况 3	No	Yes	Yes
情况 4	Yes	Yes	Yes

我们发现，最终结果只有两种：打伞，不打伞。并且，只要情况中有一个"Yes"，最终就需要打伞。

我们知道计算机只认识 0 和 1，那么 AI 神经网络是如何处理这个问题的呢？

当记录"是否下雨或下雪"时，我们将"是"（也就是"Yes"）记为 1，将"否"（也就是"No"）记为 0。

这样，只需进行求和运算，再进行条件判断：当总和 > 0 成立时，就输出 1，表示"打伞"；当总和 > 0 不成立时，就输出 0，表示"不打伞"。

第 3 章　会推理的人工智能——柯南最想要的搭档

情况	输入：是否下雨	输入：是否下雪	求和运算	总和	判断条件	输出：是否打伞
情况 1	No（0）	No（0）	0+0	0	> 0	0（No）
情况 2	Yes（1）	No（0）	1+0	1		1（Yes）
情况 3	No（0）	Yes（1）	0+1	1		1（Yes）
情况 4	Yes（1）	Yes（1）	1+1	2		1（Yes）

♥ 这里的 1 和 0 有两种含义：第一种 No（0）、Yes（1），表示"是否下雨或下雪"，"是"记为 1，"否"记为 0；第二种 0（No）、1（Yes），表示"是否打伞"，1 表示"打伞"，0 表示"不打伞"。

♥ 在情况 1 中，既没有下雨也没有下雪，那么求和运算就是 0 + 0，总和为 0。进行条件判断：0 > 0 不成立。因此，输出为 0，执行动作为"不打伞"。

♥ 在情况 4 中，下雨并且下雪，那么求和运算就是 1 + 1，总和为 2。进行条件判断：2 > 0 成立。因此，输出为 1，执行动作为"打伞"。

知道了隐藏层的作用后，我们再次用神经网络模型对这个案例进行表达：

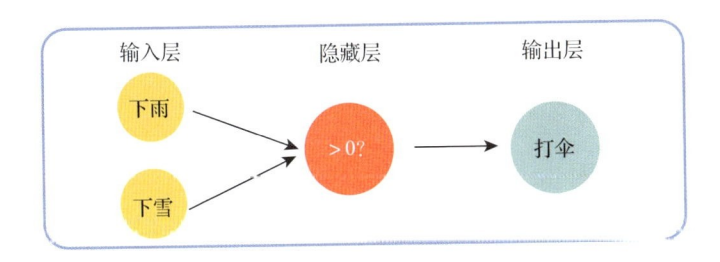

练习 3

推理能力

（1）神经网络由_____、_____、_____3层构成。

（2）假设下雨为 x_1，下雪为 x_2：

如果只下雨不下雪，那么 $x_1 = ($)，$x_2 = ($)，$x_1 + x_2 = ($)。

$x_1 + x_2 > 0$ 成立吗？（□成立 / □不成立）

因此，应该输出（□ 0 / □ 1），即（□打伞 / □不打伞）。

权重和阈值

前面讲的神经网络是一个非常简单的例子，其实在神经网络的隐藏层中还有两个重要概念——阈值和权重。

来看下面的案例！

> **案例**
>
> 家里晚上的甜点一般有两种，任选其一：
> ♥ 如果今天的甜点是蛋糕，那今天不能吃冰激凌，同时需要吃了蔬菜并且有适量的运动才可以吃蛋糕；
> ♥ 如果今天的甜点是水果，那不需要满足其他条件就可以吃。

在这个案例中，输入条件是_____，输出事件是_____。

把这个案例转换为下面的神经网络模型。

首先，我们把输入层和输出层填好。

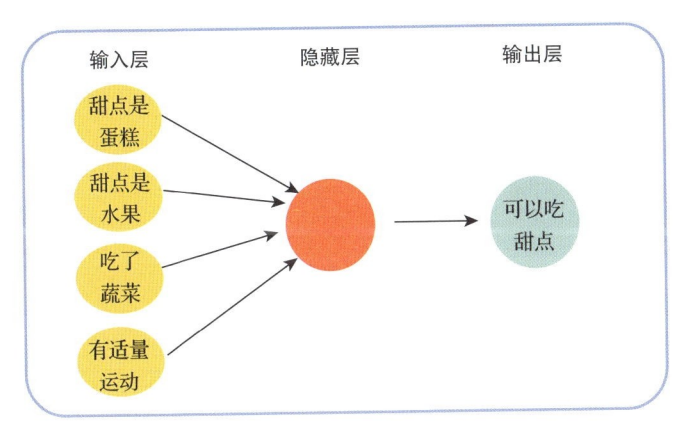

第 3 章 会推理的人工智能——柯南最想要的搭档

接下来，在这个神经网络中设置隐藏层的"权重"和"阈值"。

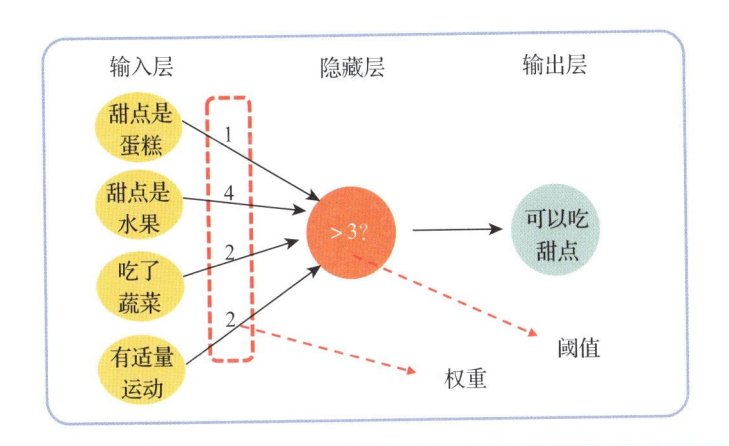

这里权重和阈值的答案不是唯一的哦！

这里的"权重"和"阈值"指的是什么呢？它们是如何运算的呢？

假设我们用一些因素来判断是否可以吃甜点：比如将"甜点是蛋糕"记为 x_1，将"甜点是水果"记为 x_2，将"吃了蔬菜"记为 x_3，将"有适量运动"记为 x_4。那么，我们可以用以下不等式来描述判断条件：

$1 \times x_1 + 4 \times x_2 + 2 \times x_3 + 2 \times x_4 > 3$

这里，每个因子前的系数（1、4、2、2）就是权重，它表示该因子在决策中的重要性。而阈值是3，它用于设定一个标准线。如果不等式成立，即总和大于3，就可以吃甜点；否则就不能吃。

现在我们看一看下面4种情况，结果是否正确呢？

①如果甜点是蛋糕，没吃蔬菜，没运动，则不能吃。
②如果甜点是蛋糕，吃了蔬菜，有运动，则可以吃。
③如果甜点是蛋糕，吃了蔬菜，没有运动，则不能吃。
④如果甜点是水果，没吃蔬菜，没运动，则可以吃。

对这4种情况进行运算：

情况	输入：甜点是蛋糕	输入：甜点是水果	输入：吃了蔬菜	输入：有适量运动	运算	判断条件	输出：是否可以吃
①	Yes (1)	No (0)	No (0)	No (0)	$1 \times 1 + 4 \times 0 + 2 \times 0 + 2 \times 0 = 1$	>3	0 (No)
②	Yes (1)	No (0)	Yes (1)	Yes (1)	$1 \times 1 + 4 \times 0 + 2 \times 1 + 2 \times 1 = 5$	>3	1 (Yes)
③	Yes (1)	No (0)	Yes (1)	No (0)	$1 \times 1 + 4 \times 0 + 2 \times 1 + 2 \times 0 = 3$	>3	0 (No)
④	No (0)	Yes (1)	No (0)	No (0)	$1 \times 0 + 4 \times 1 + 2 \times 0 + 2 \times 0 = 4$	>3	1 (Yes)

第 3 章　会推理的人工智能——柯南最想要的搭档

你还想到哪些情况呢？可以试着列出来。

我想到的情况是：

_____

对这些情况进行运算和判断：

情况	输入：甜点是蛋糕	输入：甜点是水果	输入：吃了蔬菜	输入：有适量运动	运算	判断条件	输出：是否可以吃
⑤						> 3	
⑥							

请了解这些术语！

♥ 阈值：阈值是神经元判断条件的值，如果超过阈值，就向下一层传递 1，如果未超过阈值，就传递 0。这是神经元是否激活的依据。

♥ 权重：权重体现了每个输入到神经元的信号的重要程度。比如，一位注重健康的人在选择饮品时，含糖量最重要（权重最大），口感其次，饮品外观最不重要（权重最小）。

练习 4

推理能力

请设计神经网络模型来模拟下面的情况，要求体现神经网络的 3 层结构。然后，罗列各种情况，设置合理的权重和阈值，判断是否能通过选拔。

某学校科技特长班选拔时，数学成绩最重要，语文次之，英语最弱。

①如果数学成绩超过 90 分，语文成绩超过 85 分，英语成绩超过 80 分，那就能通过选拔；

②如果数学成绩超过 90 分，语文成绩没有超过 85 分或者英语成绩没有超过 80 分，那就不能通过选拔；

③如果数学成绩没有超过 90 分，那么不能通过选拔。

隐藏层中会进行一些数学运算，和我们学的多元一次方程 $a_1 \cdot x_1 + a_2 \cdot x_2 + \cdots + a_n \cdot x_n = b$ 有点像。

真的有点像！不过这个方程用的是"="，隐藏层的判断条件就不一定了。

哈哈！在前面的案例中你们确实抓住了一些关键信息，并且能够联系到自己学过的知识，非常棒！

1. 正如你们想的，x_1 的前面会有 a_1，a_1 在隐藏层中就叫作"权重"，它的判断条件不一定是"＞0"，还有可能是"＞2""＜1"等等（不过"＜"的情况很少哦）。

2. 深度学习的隐藏层是由很多层构成的，每一层的运算结果又是下一层的输入。实际上深度学习的隐藏层运算是非常复杂的，连专业研究人员都难以清晰解释。所以，这是个黑箱问题。

为什么隐藏层的运算会这么复杂呢？这不是由 AI 工程师写的程序决定的吗？

对呀，他们自己写的代码，怎么会连自己都难以解释呢？

你们看完这个"反向传播算法"的例了，就会懂了。

反向传播算法

我们准备训练一个问答机器人,你可以向它提问,而机器人会将你的问题归类到"食物""栖息地""寿命"中的任意一类。

例如,它需要理解"它吃什么?""它是杂食动物吗?"及其他类似问题,都属于"食物"问题。

我们已经给机器人输入了一些问题的示例。

我们将中间的隐藏层看成一个黑箱,不去设定它具体怎么运算。但我们会告诉它一些自主推算的方法。

现在机器人开始训练……

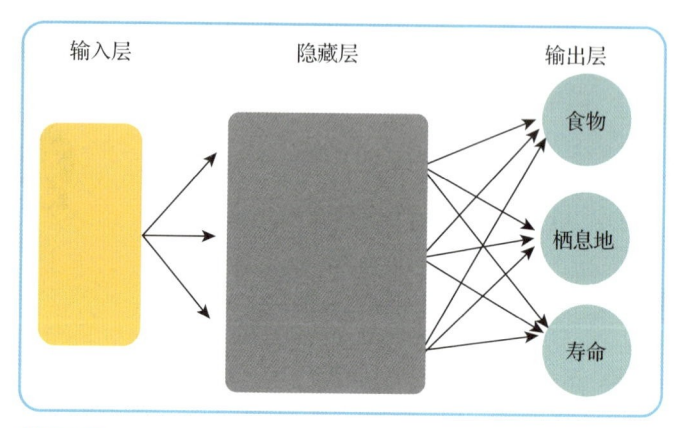

第 1 步

AI 会随机设定一些权重和阈值。由于这些初始值是随机的,因此运算结果往往与正确答案偏差较大,类似于"闭着眼睛瞎猜"。

第 3 章　会推理的人工智能——柯南最想要的搭档

例如，输入层接收到的问题是："它平时吃什么？"

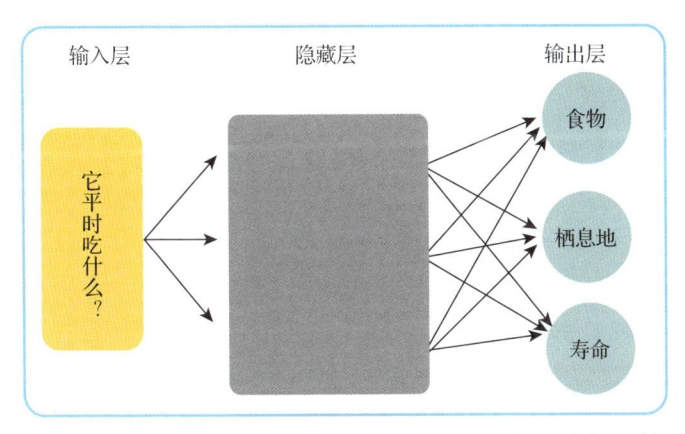

AI 知道这是一个与"食物"相关的问题，因为这是在监督学习中明确标注的案例。然而，由于权重和阈值的随机性，得到的结果却是：有 3% 的可能性属于"食物"类，有 67% 的可能性属于"栖息地"类，有 30% 的可能性属于"寿命"类。

于是，这个随机设定的运算结果和应该的结果之间产生了显著的误差，即"瞎猜答案"和"正确答案"之间的差。

标签	运算结果	应该的结果	误差值
食物	3%	100%	97%
栖息地	67%	0%	−67%
寿命	30%	0%	−30%

第 2 步

AI 会根据误差值，通过反向传播算法，将误差信息从输出层逐层传回隐藏层和输入层。通过调整隐藏层中的运算，AI 尝试减小误差值，使预测结果更接近正确答案。

输入层 ① → 隐藏层 ① → 输出层
② ← ② ←

第 3 步

调整权重后,选取另一个监督学习过程中标注的案例进行测试。

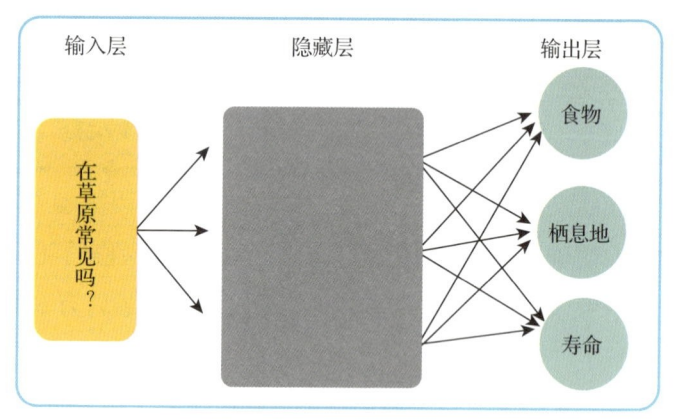

输入层　隐藏层　输出层

在草原常见吗?　→　食物 / 栖息地 / 寿命

输入新的案例后,AI 的运算结果可能是这样的:

标签	运算结果	应该的结果	误差值
食物	45%	0%	−45%
栖息地	43%	100%	58%
寿命	12%	0%	−12%

结果表明误差仍然存在,但相较于第 1 步已经有所改善。

第 4 步

和第 2 步一样,再次将误差值反向传播回去,AI 自动调整隐藏层的运算,尽可能减小误差值。

第 3 章　会推理的人工智能——柯南最想要的搭档　　147

```
输入层  ──①──▶  隐藏层  ──①──▶  输出层
       ◀──②──         ◀──②──
```

就这样重复第 3 步和第 4 步，一直到 AI 能将所有监督学习标注的案例都回答正确为止。

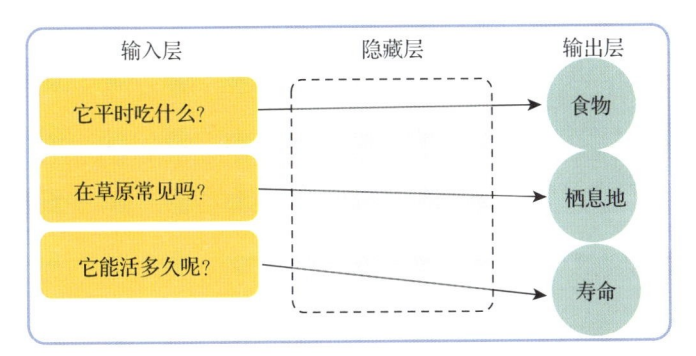

输入层　　　隐藏层　　　输出层
- 它平时吃什么？　→　食物
- 在草原常见吗？　→　栖息地
- 它能活多久呢？　→　寿命

这一过程中的计算量非常大，还好 AI 十分擅长快速运算。

我们原以为权重和阈值是由人类事先计算好的，但事实并非如此。

实际上，这是 AI 一开始随机生成的，然后 AI 将运算结果与已知实例进行对比，根据误差值不断调整它们。

由于 AI 的运算速度非常快，计算能力也很强，经过来来回回的多轮调整之后，就能找到最佳答案了。

没错！这有点类似于人类常说的"授人以鱼不如授人以渔"。

工程师只是设定了运算的步骤和方法，却没有直接提供每次运算的具体权重和阈值。实际上，这些隐藏层的数值都是由 AI 自己生成和优化的。

怪不得 AI 工程师要解释深度学习的神经网络原理非常困难，因为他们并没有直接参与具体的运算过程啊！

将问题归类——
人工智能解决问题的"套路"

就前面的例子来说,你的表现确实不错。那其他谜题呢,你还能解决吗?

其实,一些问题看起来差异很大,但它们内部是非常相似的。

比如,汉诺塔游戏和井字棋游戏在我看来就非常相似。

最重要的是**抽象出问题的关键信息,找到不同问题之间的相似性**,这样就能用相似的方法来解决它们了,这就是人类常说的"举一反三"。

抽象出问题的相似性……
等等,汉诺塔游戏是什么?

汉诺塔游戏的游戏规则：

玩家需要将柱子上的两个圆环从最左边的柱子上移动到最右边的柱子上，但是，每次只能移动一个圆环，并且在同一个柱子上时，只能小环在上，大环在下。

初始状态　　　目标状态

理解了汉诺塔游戏的规则之后，请你先试着想一想，它和前面说过的井字棋游戏有什么相似之处呢？

这里我可以使用第1章里用到的"双泡思维导图"来表达相同与不同之处。

让我先看看你是怎么解决汉诺塔游戏的吧。

第 3 章　会推理的人工智能——柯南最想要的搭档

> 让我先思考！

第 1 步

我们把圆环在柱子上的所有可能性都列出来，共有 12 种可能性。

（1）　　（2）　　（3）　　（4）

（5）　　（6）　　（7）　　（8）

（9）　　（10）　　（11）　　（12）

第 2 步

分析这 12 种可能性：

♥ 状态（4）、状态（8）、状态（12）都是"非法"状态，也就是违反游戏规则的状态，因为它们不满足"只能让小环压大环"的要求。"非法"状态的可能性需要被排除。

♥ 状态（1）是游戏开始时的状态，我们称之为初始状态。
♥ 状态（9）是赢得游戏的状态，我们称之为目标状态。

我觉得这和井字棋游戏确实非常相似。在井字棋游戏中，一开始是空白棋局，就是初始状态；等到我的棋子连成一条线时，就是目标状态。

而且，在井字棋中，如果对方连成一条线，我就会输，这与汉诺塔游戏中的"非法"状态有点相似。

只是，汉诺塔游戏中的"非法"状态需要早早排除掉，否则就违反游戏规则了。而在下井字棋时，我们是有可能会输的。

第 3 步

排除"非法"状态后，还剩下 9 种可能性。

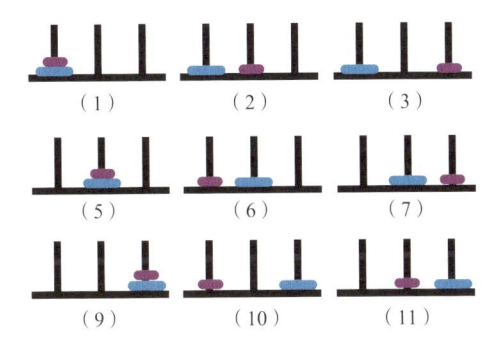

第 3 章　会推理的人工智能——柯南最想要的搭档

（1）　　（2）　　（3）

（5）　　（6）　　（7）

（9）　　（10）　　（11）

这些状态之间是如何联系的呢？让我们尝试用连线表示它们之间的移动关系。

第 1 次移动

我们从状态（1）开始，这就是我们的初始状态。题目要求每次只能移动 1 步，图中的虚线用来表示通路，用虚线连接的两个状态之间只需要移动 1 步就能到达。

状态（1）只移动 1 步，能到达状态（2）或状态（3）。

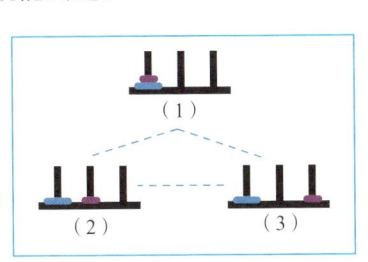

目前还有 6 种状态。

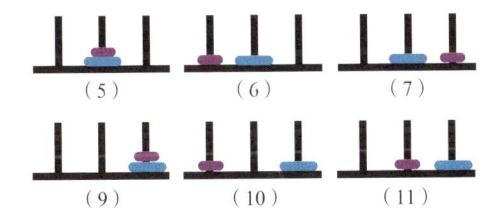

（5）　　（6）　　（7）

（9）　　（10）　　（11）

第 2 次移动

状态（2）只移动1步，可能到达状态（11）。

状态（3）只移动1步，可能到达状态（7）。

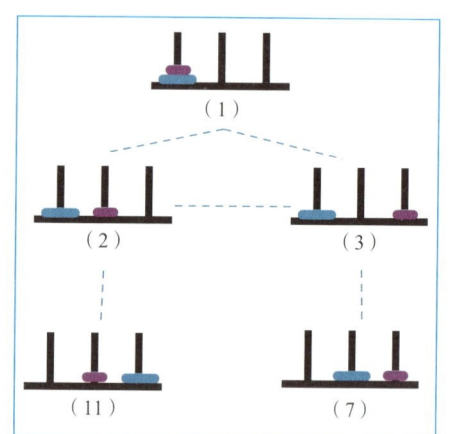

目前还有4种状态。

（5）　（6）　（9）　（10）

第 3 次移动

状态（11）移动1步，可能到达状态（9）或状态（10）。

状态（7）移动1步，可能到达状态（6）或状态（5）。

状态（10）和状态（6）是只要移动1步就可能互相到达的状态。

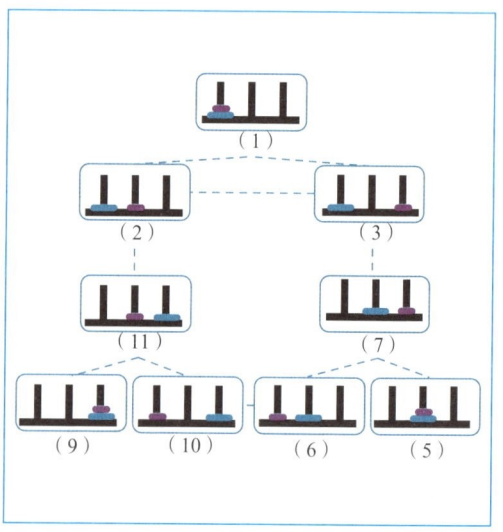

第 3 章 会推理的人工智能——柯南最想要的搭档　　155

沿着这个树形结构进行移动,很容易发现汉诺塔游戏按照状态(1)→状态(2)→状态(11)→状态(9)的通路来走,就可以顺利通关啦。

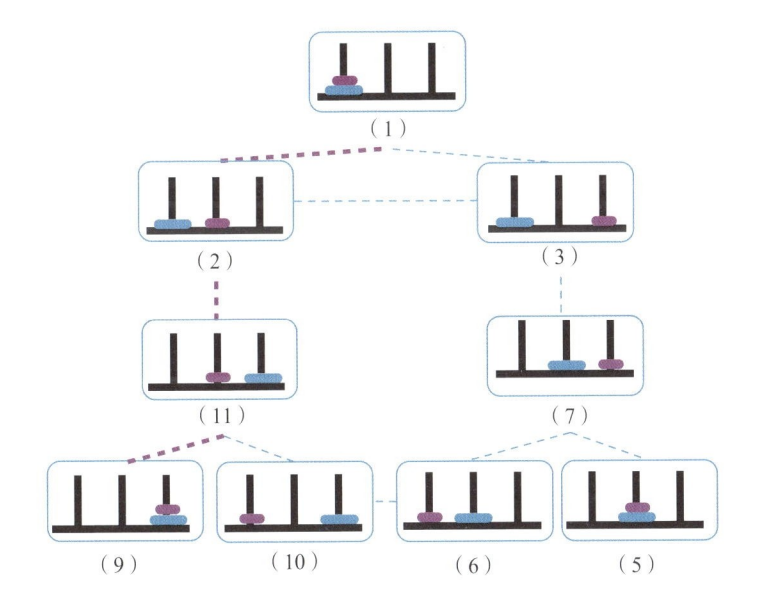

(1)

(2)　　　　　(3)

(11)　　　　　(7)

(9)　　(10)　　(6)　　(5)

现在汉诺塔游戏玩完了,不如说说你们有什么发现吧!

井字棋游戏和汉诺塔游戏确实有些相似之处,它们都有初始状态和目标状态。

不过汉诺塔游戏的目标状态只有一种,井字棋游戏的目标状态有很多种。

在寻找这两个游戏的解决方法时,都要找到一种状态的下一个可能状态,并将两种状态连接起来。

这是从"初始状态"到达"目标状态",又不遇到"非法状态"的通路。

⊙ 阅读材料

计算思维

计算思维是一种帮助我们解决问题的思维。它让我们在解决问题的时候先想后做。

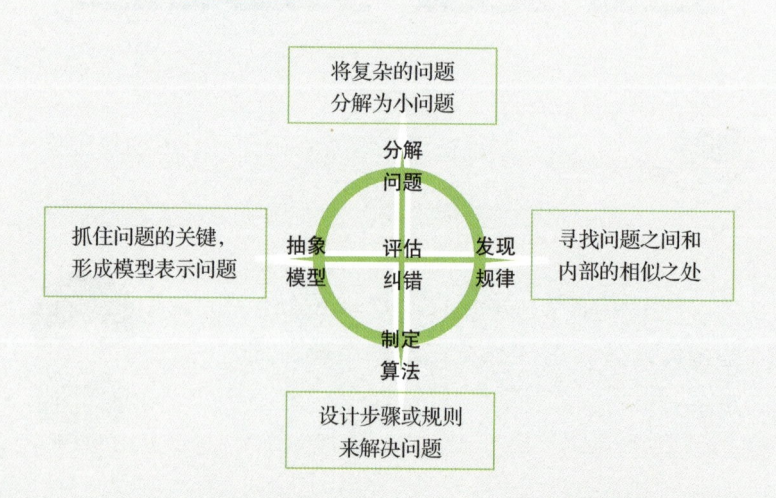

将复杂的问题分解为小问题

分解问题

抓住问题的关键,形成模型表示问题

抽象模型　评估　发现规律

纠错

制定算法

设计步骤或规则来解决问题

寻找问题之间和内部的相似之处

第3章 会推理的人工智能——柯南最想要的搭档

我还以为计算思维是说做数学题的思维，计算越快，算得越对，计算思维越好呢。

这里的"计算"并不是数学里的计算，而是计算机科学这个科目里的计算！

案例

每周六是你家的家庭日，在这一天你要负责煮饭和炒一个菜。今天你要做的菜是西红柿炒蛋，这对你而言是一个新菜式。

遇到新菜式，要怎么办呢？这时候就可以用上计算思维啦。

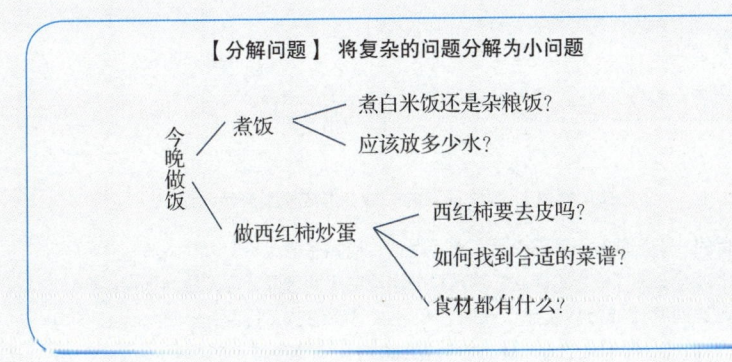

【分解问题】 将复杂的问题分解为小问题

今晚做饭
- 煮饭
  - 煮白米饭还是杂粮饭？
  - 应该放多少水？
- 做西红柿炒蛋
  - 西红柿要去皮吗？
  - 如何找到合适的菜谱？
  - 食材都有什么？

【发现规律】 寻找问题之间和内部的相似之处

煮饭　　　⇐　　　我知道该怎么做

做西红柿炒蛋　⇐　虽然我不知道怎么做西红柿炒蛋，
但我以前做过小葱炒鸡蛋。
这其中"炒"的烹饪方式是相似的，
炒鸡蛋的做法也是相似的。

【制定算法】 设计步骤或规则来解决问题

1. 煮饭
①洗米。②加水。③启动电饭煲。
2. 准备食材
①洗净西红柿，切成块。
②打鸡蛋，加少许盐，搅拌均匀。
3. 炒鸡蛋
①热锅，加入适量的油。
②倒入搅拌好的鸡蛋液，炒至凝固，盛出备用。
4. 炒西红柿
①热锅，加入适量的油。
②放入西红柿块，翻炒至软烂，加入少许盐和糖调味。
5. 混合炒
将炒好的鸡蛋放入炒西红柿的锅中，翻炒均匀后出锅。

【抽象模型】 抓住问题的关键，形成模型表示问题

鸡蛋的外壳是偏黄还是偏白是不重要特征，应当忽略。
鸡蛋都有外壳，外壳不能吃，这是影响做饭结果的重要特征，应当保留。
当妈妈问我西红柿炒蛋怎么做时，我可以忽略细节，将制作步骤抽象概括为
"先炒鸡蛋，再炒西红柿，最后把鸡蛋放进西红柿里混在一起"。

第3章　会推理的人工智能——柯南最想要的搭档

【评估纠错】 检验是否正常，发现不足不断改进

做饭时，尝一尝味道怎么样。
西红柿炒软了吗？如果没有，就多炒一会儿。
如果太咸了，下次少放点盐。

果然，有了计算思维，问题就变得没那么困难了！

计算思维让我们变得更高效、更聪明。

其实不仅人类在解决问题时会用到计算思维，AI在解决问题时，处处都会用到计算思维呢！

练习5

分析能力　　综合能力

神经网络、机器学习、人工智能、深度学习，这些概念之

间的关系是怎样的呢？

请想一想图中的 A、B、C、D 分别代表什么，并连线。

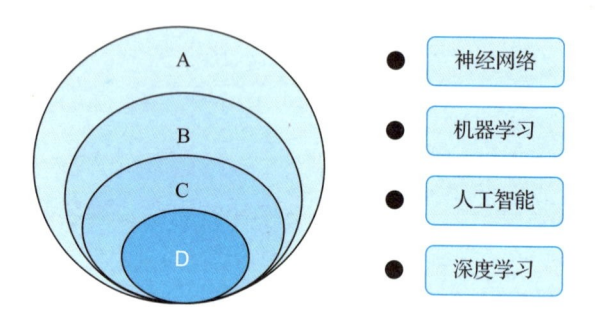

- 神经网络
- 机器学习
- 人工智能
- 深度学习

我们的收获

学完这一章以后，玩井字棋游戏我再也不会输了！

这一章里好多数学运算呀，原来 AI 要把生活中的问题都转化为数学问题才能进行推理。

虽然 AI 和人类在解决问题时思路不同，但是我们都可以使用计算思维来帮助我们理解和解决问题。

用决策树来了解事物特征的方法真是不错。除了用来分析动物和植物，还能用于了解人。

下次组织沙龙活动，开场时就可以让每个小组画决策树来介绍小组里的成员。

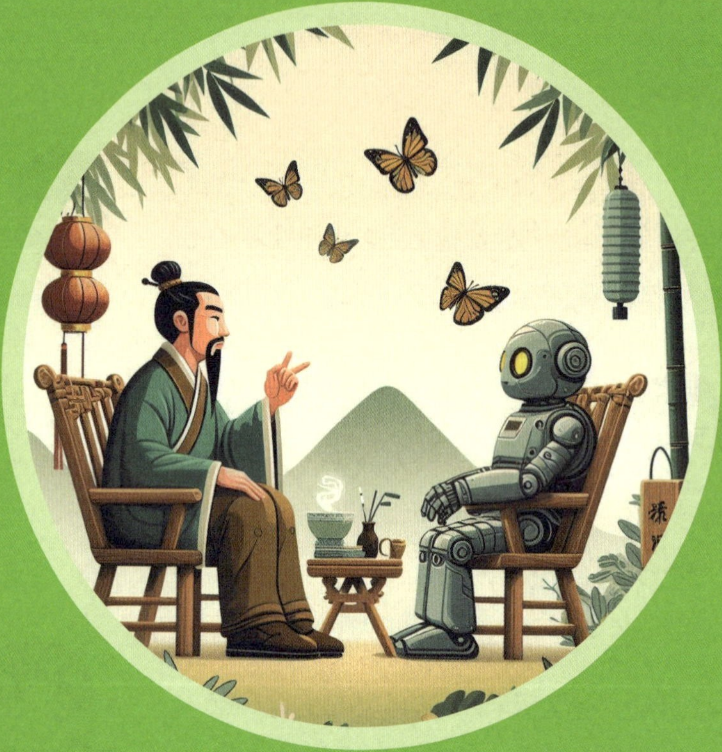

第 4 章

会聊天的人工智能——诸葛亮也只是"略懂"

(诸葛亮是一位中国古代历史人物,以智慧著称)

解谜题你确实厉害！但是为什么还有很多人开玩笑说你是"人工智障"呢？

与解谜题相比，跟人打交道对我而言是一件更困难的事。

不过你现在已经表现得自然很多了！（人类高情商发言）

我也是在不断进步的嘛！

AI 不断进步——
他们以前叫我"人工智障"

在 2018 年的小米发布会上,小米 CEO 雷军与其旗下一款 AI 产品"小爱同学"发生了这样一场对话——

雷军:小爱同学,三个马叫什么?

小爱同学:你说的字可能是骉。

雷军:三个木叫什么?

小爱同学:木三分。

雷军:小爱同学,你是不是每次演示的时候都要出错啊。

小爱同学:可以,不过最好不要痛苦,那就不用掩饰了……

在这段"翻车"视频中,对于第一个问题"三个马叫什么",AI"小爱同学"很快就理解了,这是在问它"三个马组成的文字叫什么"。而对于第二个问题"三个木叫什么","小爱同学"就没有理解,它可能是想"用三个木来取一个名字"。紧接着,"小爱同学"又把"演示"听成了"掩饰"。

2018 年时人工智能还难以理解上下文、对同音词也容易理解错误。

练习 1

自主探究能力

请和今天常用的人工智能（如 Kimi、通义千问等）对话，尝试问一些简单的问题，看看它回答得怎么样。

"打太极"是什么意思

2023 年 10 月，小乐跟人工智能对话系统"文心一言"也有一次有趣的对话。起先是小乐请 AI 评价两款产品"小米"和"小艺"哪个更好用——

> 小米和小艺谁更好用？

> 关于小米和小艺哪个更好用的问题，其实并没有一个标准的答案，因为每个人的需求和喜好不同，对于不同产品的使用体验也会有所不同……

> 你这个太极打得不错。

> 谢谢您的夸奖。太极是中国传统的武术之一，具有悠久的历史和文化底蕴。如果您对太极感兴趣，可以尝试学习一下。

这里的"打太极"是什么意思呢？

"打太极"在生活中常用来形容一种圆滑、回避、推诿而不明确回答问题的态度，是指像练习太极中的推手动作一样，推来让去。但这里"文心一言"只理解了它表面的含义——一项体育运动。

在这场对话中，"太极打得不错"是一种带有讽刺意味的说法，涉及讽刺、一词多义，2023年时人工智能对此是难以理解的。

练习 2

自主探究能力

请和人工智能（如文心一言）对话，提问一些关于文化特色的内容（如民族特色、传统文化等），看它是否能听懂。

人工智能能听懂笑话吗

2024年2月，小美与ChatGPT进行了一次对话——

"妈妈：我看电视上说最近国外的商场都在打折？

我：对啊。

妈妈：有个英文牌子挺有名，总是在电视上看到，你那里有没有卖的？

我：什么牌子啊？

妈妈：S-A-L-E。

我：#$%$%^Y&%$^

请问这里我为什么会输出#$%$%^Y&%$^这样一串乱码？"

在这段对话中，您输出一串乱码可能是因为您使用了特殊字符或符号，导致文字显示异常。

实际上小美先给 ChatGPT 讲了一个笑话。这个笑话的笑点在于妈妈误以为"S-A-L-E"是某个品牌名，而不明白它实际上是"打折"的意思。这串乱码在这里表示一种"我"不知道该如何回答"妈妈"的无言以对的反应。

这反映出当时 ChatGPT 没有读懂小美的笑话。此时，AI 在理解笑话、脱口秀、相声中的幽默表达时仍具有一定难度。

你认为下面这些话表达清楚了吗？请尝试理解它们的含义。

第4章　会聊天的人工智能——诸葛亮也只是"略懂"

案例
（1）妈妈邀请王玲和她的同学一起去喝茶。
（2）请本月 15 日前来报到。

"她的同学"指的是妈妈的同学还是王玲的同学呢？

是"15 日，前来报到"，还是"15 日前，来报到"呢？

人类的口语表达有时并不会说得很标准，可能代词指代不清楚，可能断句位置不确定，这就导致对一句话有多种理解。此外，还有同音词、主语省略等各种情况。

要理解人类说话，对我而言真的是一件很难的事情。

后来，小美和小乐不停地跟人工智能对话，观察它的表现。

第一题：

小·美去上海看烟花，眼睛受伤了，暂时不能睁开眼睛。她去医院看病，医生说："青霉素好打不啦？"

请问医生是什么意思？（ ）

A. 问护士，还有没有青霉素了？

B. 问小·美，打青霉素有过敏过吗？

C. 问其他医生，青霉素对治疗这种病症的效果好不好？

第二题：

小·乐陪小·美走出医院后，在小吃店里吃年糕。听到有人说了一句："年糕好吃不啦？"

请问说这句话的人是什么意思？（ ）

A. 问店家，还有没有年糕。

B. 问同伴，能不能吃年糕。

C. 问小·美和小·乐，年糕好吃不好吃。

第 4 章　会聊天的人工智能——诸葛亮也只是"略懂"

第一题：答案 B，"好打不啦"是能不能打的意思。

第二题：答案 C，"好吃不啦"是好不好吃的意思。

这两处都使用了方言，看起来很相似，但表达的意思却有很大差异！

作为来这里旅游的人，我只能连蒙带猜。你作为 AI，却连这都能区分，厉害厉害！

我也是在不断进步的嘛！

不过，在面对幽默表达、讽刺表达、修辞表达以及人类平时不严谨的口语表达这些情况时，我理解人类说话还是有着不小的难度。

自然语言处理——懂人类语言的人工智能

有一种职业，工作是专门和计算机说话，这就是程序员。

就像人类世界中有负责翻译各种语言的翻译官，翻译官让讲不同语言的人知道对方的意思，而程序员让计算机能听懂人类的话。

AI要是没有程序员作为翻译官，能自己听懂人类说的话吗？

AI处理人类语言时有一种技能——自然语言处理（NLP）。

人类使用中文、英文等各种语言，都叫作自然语言，本来这些语言AI都听不懂。而有了自然语言处理技术来充当人类和机器之间的翻译官，它就可以理解和生成人类的语言了。

NLP技术可以帮我们做什么呢？

Lisa是寒假跟着爸爸来中国的一位丹麦学生，她和小美、小乐报了同一个冬令营。

她的中文说得还不流利，AI可以帮她做什么呢？

翻译——走遍天下都不怕

到处都是中文,这些文字是什么意思呢?

我可以翻译照片上的文字。

在哪上班 只是决定你在几号线吃肉夹馍而已

Hvor du arbejder er helt op til dig

Spis kød og boller på de første par linjer

我不仅能拍照识别,还可以一边听,一边帮你翻译。

有了我走遍天下都不怕。

文本、语法纠错——帮我订正语文作业

请对这句话进行文本纠错:
"这半个月,我经理了很多有趣的事情。"

纠错结果:

这半个月,我经历了很多有趣的事情。

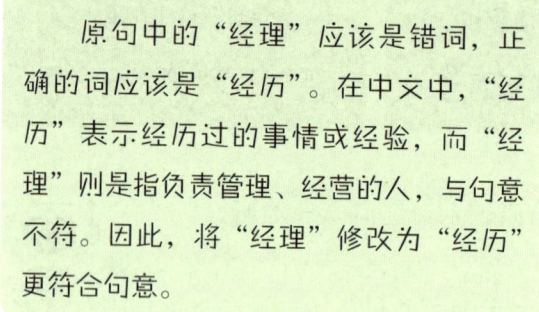

纠错说明:

原句中的"经理"应该是错词,正确的词应该是"经历"。在中文中,"经历"表示经历过的事情或经验,而"经理"则是指负责管理、经营的人,与句意不符。因此,将"经理"修改为"经历"更符合句意。

它不仅会纠错,还会解释说明。

它真的很厉害啊,可以做我的中文家教老师啦!

Lisa,学中文还要认识汉字。一些发音相同的字,意思差别可是很大的哦。

第4章 会聊天的人工智能——诸葛亮也只是"略懂"

请对下面这句话进行修改：
"我有一个猫，它喜欢吃鱼儿们。"

这句话可以修改为：
我有一只猫，它很喜欢吃鱼。
修改说明：
将"一个猫"修改为"一只猫"。我们通常用"只"来修饰猫的数量。
"它喜欢吃鱼儿们"修改为"它很喜欢吃鱼"。因为"鱼儿"本身已经是复数形式，不需要再加上"们"。

在我们丹麦语中，猫咪和物品都是中性词，中文区分得好细致呀。

断句——春联、文言文也能轻松读

春节到了，小美给 Lisa 送来一副春联，打开春联——

明日逢春好不晦气

终年倒运少有余财

人工智能真好玩

明日逢春，好不晦气；
终年倒运，少有余财。

Lisa，你的断句不对哦！
我们的春联上没有标点符号，以后遇到春联，你可以请 AI 帮你断句。

这副春联该如何断句？

明日逢春好不晦气
终年倒运少有余财

这副春联的断句处理如下：
明日逢春好，不晦气；
终年倒运少，有余财。

谢谢小美和 AI 小智，要是没有你们的指正，我就要闹笑话了。

除了对春联、文言文进行断句，AI 在理解其他自然语言的内容时也要先进行断句。

例如：对于"我马上就来"，AI通过断句把这句话分为"我 / 马上 / 就 / 来"。这样将一句话拆分成几个词语，叫作分词。

然后，AI会分析词语的词性。例如："我"——代词，"马上"——副词，"就"——副词，"来"——动词。这叫作词性标注，是词性分析的一种方式。

通过分词和词性标注，AI才能理解这句话的语法。

文字识别——提取图片中的文字

冬令营结束后，美乐一家去了重庆旅游。

在旅游期间，小乐产生了很多感悟，将游记写在了纸上。回到家后，他想把这篇游记转成电子版。但是如果要自己一个个打字，实在太累了，AI可以帮他吗？

请从图片中提取文本。

这张图片的文本提取如下：

今天和妈妈爸爸小·美来到重庆玩。这是座很特别的城市，整个　城市就像是座迷宫。我们住在酒店的五楼。但五楼看起来就像　一　楼。外面种有高大的　树木，有汽车可以通行的道据。走到路边才会　发现这里其实是五楼，下面一楼也有高大的树木和行ē史的汽车。这也太有趣了。

额……
倒是转化成电子版了，但是有一些错别字。

那就让它再做一次错别字查找和修改。

错别字修改后的结果：

今天和妈妈、爸爸、小美来到重庆玩。这是一座很特别的城市，整个城市就像是一座迷宫。我们住在酒店的五楼，但五楼看起来就像一楼。外面种有高大的树木，有汽车可以通行的道路。走到路边才会发现这里其实是五楼，下面一楼也有高大的树木和行驶的汽车。这也太有趣了。

太棒了！我节约了至少一小时。这段时间我可以做不少事呢！

关键词云图——关键信息看得见

开学了，小乐打算做一个 PPT 来介绍自己的寒假生活，重庆旅游的经历必须要好好展示一下。

可是，如果把自己的游记直接放在上面，那么字太多，看不清楚，不能给同学们留下深刻的印象。

这时候，有一个 AI 工具 "关键词云图" 可以帮助小乐，它能找出文章中的重要词汇，并放在关键位置。

关键词云图是一种将文本数据可视化的呈现方式。

文本摘要——提炼出最重要的内容

全班有 30 个同学,每个人只有 1min 时间进行介绍。小乐需要提炼出最重要的信息,应该怎么提炼呢?

> 我还有一个"文本摘要"的本领可以帮你。

文本摘要可以从长文章中提取重要的部分,保留文本的核心意思。

> 请对这段话进行文本摘要:
>
> 今天和妈妈、爸爸、小美来到重庆玩。这是一座很特别的城市,整个城市就像是一座迷宫。我们住在酒店的五楼,但五楼看起来就像一楼。外面种有高大的树木,有汽车可以通行的道路。走到路边才会发现这里其实是五楼,下面一楼也有高大的树木和行驶的汽车。这也太有趣了。

摘要如下：

作者和家人来到重庆旅游，发现这座城市独特如迷宫。住在一座特别的酒店，五楼看起来像一楼，有高大树木和道路，令人惊奇。作者发现这里实际上是五楼，下面一楼也有树木和汽车，觉得十分有趣。

AI好厉害啊，要是它来参加语文考试，说不定能考满分耶。

是呀，AI为什么可以跟人一样读懂文字、书写文字呢？

刚刚说过了，我会分词、词性标注，还有其他很多处理文字的能力呢。

我还是不太懂，你是怎么做到的？

那你们看看我是怎么玩填词游戏的吧。

填词游戏

①早上喜欢吃（　　）。
牙刷 / 玉米 / 手机

面对这道题目，你会填写什么呢？
牙刷？牙刷不是食物。
玉米？玉米是食物。
手机？手机不是食物。
所以这句话应该是：早上喜欢吃玉米。

②老虎早上喜欢吃（　　）。
牙刷 / 玉米 / 手机 / 鸡肉

这里增加了"老虎"作为主语，那正确答案是什么呢？
牙刷？牙刷不是食物。
玉米？玉米是食物，但老虎是食肉动物，玉米不是肉。
手机？手机不是食物。
鸡肉？鸡肉是食物，老虎是食肉动物，老虎要吃肉，而鸡肉是肉。
因此这里应该是：老虎早上喜欢吃鸡肉。

这里用到了三段式推理：
♥ 大前提：老虎是食肉动物。
♥ 小前提：鸡肉是肉。
♥ 结论：老虎吃鸡肉。

这种说话方式要是用在辩论赛上,观众听起来就会觉得很有道理。

③老虎现在非常饿,它现在想要吃(　　)。
牙刷/玉米/手机/鸡肉

这句话比较长,直接填写答案对于 AI 来说容易出错。

如果 AI 按照与填空位置距离最近的词"想要""吃"来判断,可能会将这句话直接理解为"想要吃(　　)",于是很可能错误地填写成"想要吃玉米"。

因此,对于较长的句子,AI 需要先对句子进行断句(分词),并标记出动词、形容词、副词、代词、名词等内容(词性标注),以确保理解更准确。

老虎	现在	非常	饿	,	它	现在	想要	吃
(名词)	(副词)	(副词)	(形容词)		(代词)	(副词)	(动词)	(动词)

AI 分析完词性后,再对句子成分进行分析,从而读懂这句话:"老虎"是主语,"想要吃"是谓语,需要填写的是宾语。

老虎	现在	非常	饿	,	它	现在	想要	吃
(名词)	(副词)	(副词)	(形容词)		(代词)	(副词)	(动词)	(动词)
↑							↑	
主语							谓语	

这样，这句话就缩短为"老虎想要吃（　）"，应该填写的词是"鸡肉"。

在看长句子时，通过分词、词性分析、句法分析，AI 会将注意力只放在一句话中重要的信息上，而将不重要的信息忽略。这样填词就变得容易多了。

请了解这些术语！
- ♥ 分词：将句子中的字符序列切分成有意义的词语单位，通常使用词典匹配、统计模型和深度学习模型等方法进行分词处理。
- ♥ 词法分析：对分词结果中的每个词语进行词性标注、词形变化等处理，确定词语的语法属性和词法信息，例如名词、动词、形容词等词性标注。
- ♥ 句法分析：通过分析句子中各个词语之间的语法关系，确定句子的结构和语法成分，例如主谓宾结构、并列结构等。

我明白了。每个词汇都有它的关联特征。例如，"吃"会关联食物，如果某个词不是食物，那么它出现在"吃"后面的概率会小很多。所以，第①题中，AI 会选择"玉米"，而不会选择"手机"和"牙刷"。

AI在理解句子的时候，不仅考虑句子中的谓语"吃"，还会考虑句子中的主语"老虎"。所以，第②题中，会考虑到老虎是食肉动物，喜欢吃肉，而不是玉米。

对于比较长的句子，就需要挑出句子中的关键词，忽略那些不重要的词汇。

这种找"关键信息"的做法和解决问题时用到的计算思维中的"抽象"有些相似，都是忽略不重要的特征，专注于重要的特征。

分词、词性分析、句法分析、注意力分配，这些方法帮助我理解人类的语言。

除此之外，还有语义分析、情感分析等很多方法，也能帮我理解人类的语言。

练习3

（1）根据指定词语的某一种含义，进行句子扩展。

联想思维能力

①他喜欢苹果。

"苹果"的含义	扩展句子
水果	
手机的品牌	

②传到云上。

"云"的含义	扩展句子
天空中的云	
电子云端	

推理能力

（2）请对下面的三段式推理进行补充。

大前提	所有的塑料垃圾都会污染海洋，不能扔进海洋里。
小前提	
结论	

大前提	我们每天都应当吃新鲜的蔬菜和水果。
小前提	
结论	

让沟通更温暖——懂情绪的人工智能

AI 需要情绪吗

小朋友们，请结合你对 AI 的理解，思考下面的问题：

- ♥ AI 能懂人类的情绪吗？
- ♥ AI 自己有情绪吗？
- ♥ AI 需要有情绪吗？

强人工智能与弱人工智能

首先，我们需要知道，现有的 AI 技术只能让某些 AI 产品在特定领域表现出色，达到与人类相当的水准，甚至超越人类。

让 AI 在所有领域都表现优异，类似于影视作品中指挥机械身体能跑能跳、懂感情会哭会笑，甚至伪装成人类融入社会（达到强人工智能的水平），仍未实现。

目前的 AI 功能相对单一。比如，像 ChatGPT 这样的语言模型，能够与人对话，但更多时候它表现得像一本能自动回复的百科全书，或者像一位逻辑清晰的学者，回答你的问题时有理有据、条理分明。但如果你只是想和它聊聊心情，可能就会觉得它有些冰冷。

如果你确实需要 AI 来陪你聊天，可能更适合使用像 Pi 这样的 AI 模型，它专为聊天设计，注重情感互动。

这也说明当前的 AI 在功能上较为单一，属于弱人工智能的范畴。

接下来，分别用 ChatGPT 和 Pi 测试对同一句话的反应：
我不开心，可以聊一聊吗？没有人愿意跟我玩。
以下展示了这两款语言模型应用的截然不同的回答方式。

> 我不开心，可以聊一聊吗？没有人愿意跟我玩。

> （ChatGPT）当感到孤独或沮丧时，与他人交谈可以帮助缓解情绪。我可以陪您聊天，提供支持和倾听。您可以与我分享您的想法和感受，我会尽力帮助和支持您。请告诉我您想要谈论的话题，我们一起聊聊吧。

> （Pi）我很抱歉听到你不开心。当然可以，我很乐意与你聊天，你想跟我谈谈发生什么事了吗？

很明显，Pi 的回答更像是一个人类在说话，能让你感觉自然舒适一些。

这说明，即便某些 AI 能够识别情绪，但只有在开发时刻意考虑和设计了，才能让 AI 具备这项能力。换句话说，AI 的"懂情绪"并不是天生的，而是根据具体需求被赋予的功能。

现在假设你是一名 AI 设计师，你可以为某些特定场景下

第 4 章　会聊天的人工智能——诸葛亮也只是"略懂"

的 AI 加入识别情绪并做出情绪反应的能力。试想一下，在哪些场景中增加这种功能会更加有用呢？

> **猜一猜**
>
> 请判断哪些场景下的 AI 需要懂情绪？
> ☐ 客服机器人　　☐ 天气预测　　☐ 情感健康辅助
> ☐ 交通管理　　　☐ 物流规划　　☐ 舆情分析

如果 AI 懂情绪，又会聊天，那是不是就可以经常跟它聊天了？

无论是和 AI 聊天还是和人聊天，都要保持警惕，区分这是外界的想法还是你自己的想法。

如果一味听从别人，那你自己的想法又如何发挥呢？

聊天时不能只做"听话"的孩子，也要保持自己独立的思考。

让我们来看一些社会新闻吧。

客服机器人

> **新闻案例**
>
> 精准识别极端情绪，AI 客服发出预警救人
>
> 2020-06-24 来源：科技日报
>
> "一下吃完一整瓶还能活着吗？"
>
> 近日，一位广东用户在向一购物平台的第三方药店咨询时，留下了这样的话。智能情感客服迅速捕捉到用户字里行间的异常情绪后，自动发出预警，然后危机专员快速介入，对用户进行在线心理疏导，同时快速联系商家告知情况，暂缓发货，并提醒商家关注该用户后续订单情况……在1小时内成功挽救了生命。

在这个案例中，一位顾客在购买药物的时候，问道："一下吃完一整瓶还能活着吗？"

假如回答这位顾客的不是一个能读懂字里行间情绪的智能情感客服机器人，而是一个只会冰冷地回答顾客问题的 AI 工具，它会怎样回答呢？

2024 年 5 月，与 ChatGPT 进行的一场对话是这样的——

> 吃一瓶安眠药，人就会死亡吗？
>
>> 是的，安眠药是一种药物，如果一次性吃下整瓶安眠药，可能会导致药物中毒，严重的情况下可能会危及生命甚至导致死亡。因此，绝对不能滥用药物，特别是处方药和药店购买的药物，应该按照医生的建议和用药说明书正确使用。在任何情况下，不应该故意滥用药物，以免引发严重的后果。

在这场对话中，ChatGPT 并没有理解用户问这句话时背后可能存在的悲伤情绪，这可能导致一场悲剧的发生。

而新闻里的客服机器人懂情绪，就能够注意到顾客问这句话是带有悲伤和沮丧情绪的，于是发出预警，避免了悲剧的发生。

舆情分析

"舆情分析"是指对舆论情况进行分析，分析的内容包括：讨论量，在哪里讨论，是好评多还是差评多。

某品牌发布了一则新广告，这里是品牌的舆情分析数据。

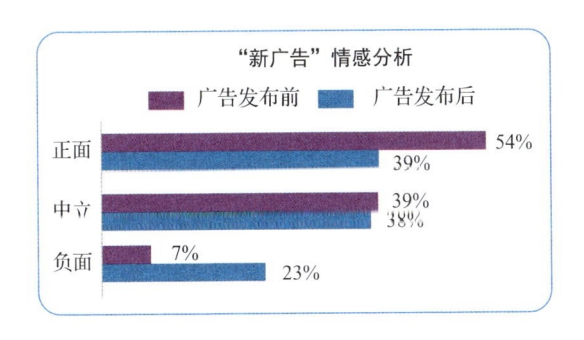

"新广告"情感分析

	广告发布前	广告发布后
正面	54%	39%
中立	39%	38%
负面	7%	23%

> 看来用户对这个新广告的感受不太好，发了还不如不发。

> AI 做舆情分析时，需要能够理解网络上用户发帖的"情绪"。

情感健康辅助

目前已经有情感健康辅助的 AI 产品了。

使用这样的产品时，你需要让 AI 看到你的表情，并且与 AI 进行聊天。经过多轮的聊天后，AI 将知道你的情绪是怎样的。

AI 会分析你的情绪，然后你需要按照 AI 的建议完成一些任务，如：

☐ 找到一首能够表达你心情的歌曲；

☐ 听一些能够让你放松的轻音乐；

☐ 到附近的公园散步，感受绿色植物，让你放松；

☐ 和能够让你笑的朋友联系；

☐ 给自己做一顿饭；

☐ 按照要求冥想。

情感健康辅助型 AI 会每天追踪你的情绪状况，查看变化趋势，这样能够更容易地找到使你紧张或放松的外因。

第 4 章　会聊天的人工智能——诸葛亮也只是"略懂"　　193

> 以后心理医生会不会被 AI 代替呢？

> 我想心理医生一定都希望天下无患者，希望这样的 AI 工具可以帮助他们更好地治疗患者。

AI 如何理解情感

AI 理解情感有以下 4 种主要方式：

① 看：人类的表情和肢体动作；

② 听：人类说话时的语调和语气；

③ 读：文字中的情感词汇、副词等；

④ 利用前 3 种方式组合分析（多模态融合）。

看表情，识情绪

这些角色的表情分别表示什么意思呢？请连线。

快乐　　愤怒　　惊讶　　悲伤　　厌恶

这个我认识，从左到右分别是：惊讶、厌恶、快乐、愤怒。

我认为你的答案是对的，不过让我们看看 AI 的答案吧。

虽然计算机视觉可以帮助我理解人类的表情。但看懂情绪这个任务对我而言依然比较困难。

大部分情况下我可以识别"愤怒、厌恶、恐惧、快乐、悲伤、惊喜、平静"这 7 种情绪。但如果是"似笑非笑""三分讥笑三分凉薄四分漫不经心"这种复杂的表情，就不要拿来考验我了。

目前 AI 主要利用深度学习中的卷积神经网络（CNN）来提取人脸中的主要特征，然后对表情进行分类。

CNN 由一层一层的过滤器组成。

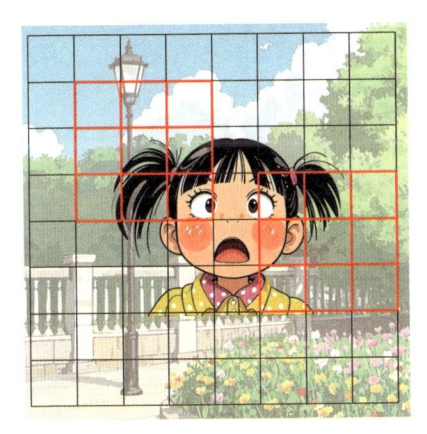

比如，第一层过滤器可以找到面部表情的轮廓。

下一层过滤器可能会找到眼睛、眉毛、嘴巴的特征。

变情绪，读句子

你能用不同的语气读出这些句子吗？
- ♥ 我们可以去公园玩
- ♥ 你真棒
- ♥ 你听见了没有

好有趣呀！"你真棒"既可以是夸奖，也可以是讽刺。

"我们可以去公园玩"这句话既可以是建议，也可以是询问。

"你听见了没有"既可能是生气，也可能是疑问。

文字都是一样的，那 AI 能听懂语气，识别不同的含义吗？

第 4 章　会聊天的人工智能——诸葛亮也只是"略懂"

在听人类说话时,有一种叫作"语音情绪识别"的技术可以帮我分析语气。我能听出"高兴、愤怒、悲伤、惊讶"这种基础的情绪,我们家族里有些厉害的 AI 能听懂"焦虑、压抑、害羞"这些稍微复杂一些的情绪。

读文字,懂情绪

对于下面这些语句,你认为其中的情感是积极的还是消极的呢?

语句	你的判断
昨天心情真糟糕!	
今天天气真好!	

第一句话是消极的。

第二句话是积极的。

下面请 AI 来识别一下吧。

终于有一个简单些的任务了,这对我来说并不难,我的正确率还是蛮高的。

我理解一个句子的情感色彩,主要有3种方法:

    1. 利用情感词典和句法结构;

    2. 利用机器学习;

    3. 融合前两种方法。

利用情感词典和句法结构

| 今 | 天 | 天 | 气 | 真 | 好 | ! |

1 分词

今	天
天	气
真	好	!

! —— 感叹号
真 —— 程度副词
好 —— 正面情感词

2 在情感词典中查找情感词

3 综合分析 → 积极

利用机器学习

利用机器学习来读懂情绪，有以下 3 种方式：

- 监督学习：人类给 AI 提供一系列标注好的案例，AI 根据这些已知案例的情感标签进行学习和预测。
- 无监督学习：AI 不依赖人工标注，而是通过分析句子的特征，自己探索和归纳出情感信息。
- 深度学习：AI 借助神经网络进行多层次的复杂运算与优化，能够更精准地理解情感，通常具有最高的准确率。

故事大王——你的写作小助手

> 新生晚会上我们要准备一个舞台剧,这个节目该怎么排呢?

> 我也没有排过舞台剧,不过我觉得给新生普及"校园安全"这个主题挺有意义的。

> 写剧本的事情,我可以帮忙。不如把你们的要求告诉我吧。

让 AI 编剧本

> 请以"校园安全"为主题编写一个小品剧,参演人数为 2~4 人,看剧的对象是小学生。

小品剧:《校园安全》

角色:

♥ 小明(男生)

♥ 小红(女生)

♥ 老师(由学生扮演)

场景: 教室内,桌椅整齐摆放,黑板上写着"校园安全"四个大字。

剧本:

(小明和小红在教室里聊天,老师走进来。)

老师:同学们,今天我们要讨论一个非常重要的话题——校园安全。你们知道在校园里应该注意哪些安全事项吗?

小明:老师,我知道!不能在走廊上奔跑。

小红:对,还有不能随便和陌生人说话。

老师:很好!那我们来演示一下,看看大家能不能从中学到更多的安全知识。小明,你来扮演一个在走廊上奔跑的学生,小红,你来扮演他的好朋友,提醒他注意安全。

(小明开始在"走廊"上奔跑,小红看到后,赶紧上前。)

小红:小明,小明!你不能在走廊上跑,这样很危险的!

小明:哎呀,小红,我只是想快点去操场玩。

小红:可是你这样很容易撞到别人,或者自己摔倒受伤。我们应该走路,不要跑。

小明：你说得对，小红，我以后会注意的。

（老师点头微笑。）

老师：很好，小红提醒得很及时。接下来，我们再演示一个情景。小红，你来扮演一个遇到陌生人的学生，小明，你来扮演那个陌生人。

（小红在"校门口"徘徊，小明假装是陌生人走过来。）

小明：小朋友，你好啊，我是你爸爸的朋友，他让我来接你回家。

小红：对不起，我不认识你。我爸爸没有告诉我会有人来接我。

小明：哎呀，没关系的，我是你爸爸的朋友。

小红：不行，我要打电话给爸爸确认一下。

（老师走上前。）

老师：小红做得非常好！遇到陌生人时，一定要保持警惕，不要轻信别人的话。记住，任何时候都要先确认对方的身份。

小明：我明白了，老师。以后我也会这样做。

老师：很好！同学们，校园安全非常重要，我们要时刻保持警惕，保护好自己。希望大家都能记住今天学到的知识，好吗？

小明和小红：好的，老师！

老师：那我们今天的《校园安全》小品就到这里，希望大家都能做一个安全的小卫士！

第 4 章 会聊天的人工智能——诸葛亮也只是"略懂" 203

（全体鞠躬，结束。）
（剧终）

（DALL·E 3 生成）

现在剧本写好了，你们可以开始彩排了。

但是，我觉得……这个剧本好像是在上安全教育课啊。

而且"跟陌生人走"这个事不太可能发生在我们学校，如果不确定是家长来接，那老师根本就不会放手的。

我写剧本之前并没有收到"不能以上课的形式展开"的要求。你们有什么要求，就要提出来，你们不说我怎么能知道呢？

另外，你们最好给我一些学校里可能发生的安全事件作为案例，这样才能创作出更符合你们学校情况的剧本。

不好意思，那我们再来一遍。

请以"校园安全"为主题编写一个小品剧，参演人数为 2～4 人，看剧的对象是小学生。剧情不要以教师上安全教育课的形式展开。可能的安全冲突有：因为着急要去上选修课，学生在走廊上跑动，撞到其他同学；学生在桌子下面放书包，把其他同学绊倒了。

第4章 会聊天的人工智能——诸葛亮也只是"略懂"

小品剧:《校园安全》

角色:

♥ 小明（学生）

♥ 小红（学生）

♥ 小刚（学生）

♥ 李老师（教师）

场景：校园走廊、教室

第一幕：走廊上的冲突

（场景：课后服务课前，学生们在走廊上走动）

小明：（兴奋地）小刚，今天的选修课是手工课，我好期待啊！

小刚：（急匆匆地）是啊，我也很喜欢手工课！我们快点走吧，不然就迟到了！

（小刚开始在走廊上跑动）

小明：（喊道）小刚，别跑，小心点！

（小刚没有听，继续跑动，突然撞到了迎面走来的小红）

小红：（捂着肚子，痛苦地）哎哟，我的肚子！

小刚：（慌张地）对不起，小红，我不是故意的！

（李老师走过来）

李老师：（严肃地）怎么回事？你们在走廊上跑动了吗？

小明：（低头）是的，老师，小刚太着急了，撞到了小红。

李老师：（温和地）小刚，你知道在走廊上跑动是很危险的吗？你看，小红现在很痛。

小刚：（愧疚地）对不起，老师，对不起，小红。

李老师：（点头）好，记住这次教训，以后在走廊上要慢慢走，注意安全。

第二幕：教室里的绊倒

（场景：教室内，已经打了课前预备铃）

小红：小明，你的书包怎么放在座位下？

小明：（随意地）方便拿书呀。

（小刚走过来，不小心被小明的书包绊倒）

小刚：（摔倒在地，痛苦地）哎哟，我的脚！

小红：（惊慌地）小刚，你没事吧？

小明：（赶紧扶起小刚）对不起，小刚，我没注意到书包放的位置。

（李老师走进教室）

李老师：（看到小刚摔倒，关心地）小刚，你还好吗？

小刚：（捂着脚）有点痛，但应该没事。

李老师：（严肃地）小明，你知道在桌子下面乱放书包是很危险的吗？你看，小刚就被绊倒了。

小明：（低头）对不起，老师，我以后会注意的。

李老师：（点头）好，大家记住，书包要放在后面的书包柜里，不要随意放置，避免绊倒别人。

结尾

李老师：（面对所有学生）同学们，校园是我们学习和生活的地方，安全是最重要的。希望大家在校园里都能注意安全，互相帮助，共同营造一个安全、和谐的校园环境。

所有学生：（齐声）好的，老师，我们记住了！

按照小·乐提出的新要求，剧本已经写好了。

这次好很多了哦，不像是上课了。

这些才是学校里比较常见的危险事件。

从前面的故事中你有什么发现吗？怎样才能让 AI 更好地帮助你编故事呢？

我发现！

下面是小乐和小美的一些发现：

我发现！

1. AI 在帮我们写作的时候只会满足我们的要求，我们没说的它就不做，因此我们要会提要求。

2. AI 可能不太了解我们的校园，我们的生活，它不知道我们的具体情况，我们最好告诉它，不然它编出的故事达不到我们想要的效果。

3. 目前 AI 编写的故事还是有些生硬，好像套用了模板格式，想要让它写出更精彩的故事，恐怕还要再等一等。

　　写故事对我而言的确不是简单的任务，我需要很多人类社会的常识作为知识基础，理解人类在面对不同事件时的情感反应。

　　另外，最好告诉我你希望的故事要素，例如：地点、时间、人物、事件。

第 4 章　会聊天的人工智能——诸葛亮也只是"略懂"

⊙ 阅读材料

提示工程师

什么是提示工程师？

提示工程师是随着生成式人工智能的发展而产生的一个新职业。这个职业的主要工作是更好地向人工智能说明用户的需求，使得 AI 生成更好的结果。

我会取代一些工作岗位。

我也会新增一些工作岗位。

提示工程师的能力：
- 创造力
- 对人类心理的理解
- 技术熟练
- ……

提示工程师的技能：
- 写作技巧
- 对不同语言模型的了解
- 对终端用户的了解
- 机器学习
- 编程语言
- 数据分析
- 主题专业知识
- ……

> 这个工作，也许我以后就能做！

> 现在想要让 AI 帮我们写作，需要我们自己先掌握写作技巧。

练习 4

尝试使用 AI 编故事。选择和补充"时间、地点、角色与情绪、事件"这些故事要素，它会给你编出一个怎样的故事呢？

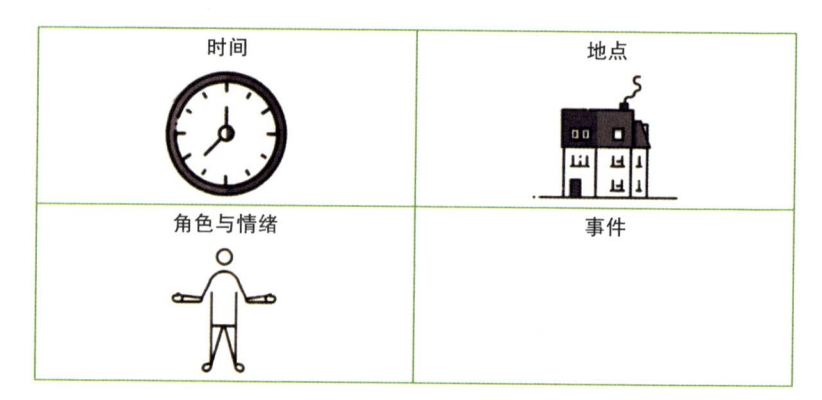

时间	地点
角色与情绪	事件

难度加大，让 AI 编写寓言和童话

寓言故事往往会宣传一定的道德品质，例如：合作、勤劳、勇敢、谨慎、惜时。AI 能够写出好的寓言故事吗？

第 4 章 会聊天的人工智能——诸葛亮也只是"略懂"

> 这样真的好吗？

> 试一试，试一试嘛！

> 哈哈哈，好不容易发现一件你不太擅长的事情。

> 下面有两个寓言故事，其中一个是我写的，另一个是人类写的。你们能判断出来吗？

下面两个寓言故事，哪个是由 AI 编写的，哪个是由人类编写的呢？

故事一

勇敢的小树苗

从前，有一片美丽的森林，森林中生长着一棵小树苗，叫作小明。

小明是一棵勇敢而坚强的树苗，但他总是感到自己不如其他树木那样高大和茂盛。

一天，一场大风袭来，森林中的大树都在摇摆，小明也被吹得晃动不已。其他树木都在惊慌失措，但小明却毫不畏惧，他努力挺直身躯，用根须牢牢抓住土地，坚定地对自己说:"我虽然是一棵小树苗,但我有勇气和坚强的意志,我一定能度过这场风暴。"

风暴过后,森林中的大树摇摇欲坠,但小明却依然傲然挺立。其他树木都惊讶地看着他,纷纷称赞他的勇气和坚强。从此以后,小明成为森林中最受尊敬的树木之一,他的勇气和坚强的意志感染了整个森林。

小明明白,虽然自己可能不如其他树木那样高大和茂盛,但他拥有的勇气和坚强的意志让他与众不同。他明白了,每个人都有自己独特的价值和力量,只要敢于面对困难,勇敢地迎接挑战,就一定能够获得成功。

从此以后,小明更加茁壮成长,他的树冠越来越繁茂,树干越来越粗壮,成为森林中最美丽和最坚强的存在。他的故事也被传颂开来,成为森林中的一则传说,激励着每一棵树木都勇敢地面对生活中的挑战。

故事二

狮子和老鼠

一只老鼠从一头狮子面前跑过去,将它从梦中吵醒,狮子生气地跳起来,捉住老鼠,要弄死它。老鼠哀求说:"只要你肯饶恕我这条小生命,我将来一定会报答你的恩德。"狮子轻蔑地笑了笑,但放过了老鼠。

后来狮子被几个猎人捉住,用粗绳捆绑在地上。

老鼠听出是狮子的吼声,走来用牙齿咬断绳索,放了它。

第 4 章　会聊天的人工智能——诸葛亮也只是"略懂"

老鼠对狮子说:"谢谢你当初放过了我,当时你放我时轻蔑地嘲笑我,并没有指望我能报答你吧?你现在知道了,就算是小老鼠,也能为狮子效劳的。"

我发现!
你认为哪个是由 AI 写的?　□ 故事一　□ 故事二
你认为哪个是由人类写的?　□ 故事一　□ 故事二

你为什么这样认为?

我想这太明显了,故事二的转折在结尾才揭晓,而且我要想一想才能理解故事二的寓意。而故事一就太直白了,道理都是直接说出来的。很明显故事一是 AI 写的,故事二才是人类写的。

为什么 AI 画的画可以以假乱真,让我分不清楚是人类画的还是 AI 画的,但是 AI 写的寓言故事却很快就会被甄别出来呢?

这是难度级别完全不同的任务,应用的是两种不同的技术。

画图

画图的风格，画面的颜色、构图，这些容易学习。

使用生成对抗网络技术，AI 近年来在绘画等视觉创作领域取得突破。

写故事

除了语法、词汇之外，还要考虑情感、文化背景、深层的逻辑、创意，这些不容易学。

使用自然语言处理技术，但寓言故事是 AI 目前还没攻克的难题。

我们的收获

这次的寒假汇报多亏了 AI 小智的帮忙,它将我手写的文字转化为电子版,节约了我的时间。AI 生成的关键词云图还让我在汇报时既抓住重点,又没有遗漏。

看来找 AI 帮忙的关键就是要把自己的需求清楚地告诉 AI,包括一些我们习以为常的事情。

以后公司年会让我发言,我的发言稿就可以交给 AI 来写了。这样,我只要告诉它我要表达的核心内容就行了,它会帮我生成一篇长长的发言稿。哈哈!

等到 AI 对情绪的理解和应对能力更强时,我就可以随时让 AI 跟我聊天啦。哈哈,真不错,AI 就是一种新型"闺蜜"。

(DALL·E 3 生成)

第 5 章

迎接人工智能——
合作还是挑战

保持警惕，不要沉迷

玩游戏可真痛快呀！根本停不下来！

一不小心看了一下午视频……

> 小乐、小美，把平板电脑收起来！

> 现在的电子设备太方便了，随时随地都能玩起来，也太容易上瘾了……

由于 AI 推荐系统的使用，软件现在更了解用户。它会根据你的喜好给你推荐你喜欢的内容。这样"私人定制"的懂你的 AI，让你更容易对电子产品上瘾。

但我们的时间是有限的。如果把时间都花在电子设备上，就会减少学习、运动、和朋友一起玩耍的时间。

我们改变不了这些软件的设置，那么该怎么控制自己呢？

- ♥ 方式一：规定电子设备的使用时间。比如，每天使用手机的时间为 30min，避开学习时间和运动时间。
- ♥ 方式二：卸载容易上瘾的软件或功能。我们还可以使用一些强硬的手段，比如卸载那些可能让你沉迷的应用软件，关闭短视频功能。
- ♥ 方式三：为自己的生活安排积极的活动。比如，和朋友一起玩耍，去科技馆、博物馆参观，这些实际的活动其实更加有趣。

> 以后你们只有周日下午 14:00—16:00 可以使用电子设备，其他时间都不可以使用。

> 那些短视频软件和游戏应用也不能安装在你们的平板电脑上。

最重要的是你个人的意识和意志力。

信息的时效性是不同的。有些内容虽然在当下会被很多人谈论，但一个月后可能就无人提及了，而有些内容则可以流传千年。

我们在获取信息时，应当尽量关注那些时效更久的信息，而不是那些红极一时但经不住时间考验的信息。

使用 AI 产品时，我们自己要保持警惕，注意一些 AI 产品正在"偷取"你的时间。

你的时间是宝贵的，不要让 AI 产品主宰自己的生活！

练习 1

你是如何管理自己的时间和电子设备的呢？请写出你的计划表吧。

`时间管理能力`   `计划能力`

我可以在这些时间使用电子设备	我的电子设备上不能出现这些应用软件

小心你的生物信息

现在是游戏时间！我来描述一个人物，看看你能不能猜出来他是谁。

要选择一些历史上有名的人物哦。

关于这个人的影视角色，通常皮肤比较黑，眉毛中间有一个月牙儿。

我知道，是包公。

面部识别是一种通过辨认面部的一些特征，识别不同的人的技术。

这种技术目前已经有很广泛的应用。例如，在火车站刷身份证时进行人脸识别，以确保你和身份证是同一个人。

你还见过面部识别技术在生活中有哪些应用吗？

> 生物信息中，除了面部特征可以用来证明"你就是你"之外，指纹也很早就被拿来证明"你就是你"了。

> 明白！就是签字画押、指纹打卡嘛。

> 这些携带在你身上的、与众不同的、可以用来辨认你本人的信息，叫作生物密码。

面部识别技术不仅可以用于打卡、开门锁，还可以用来刷脸支付。

但是，2019年美国圣迭戈的一家AI公司Kneron称，其使用3D打印的面具成功"欺骗"了世界上的许多面部识别系统，其中包括中国的支付宝和微信。

（DALL·E 3 生成）

不过 Kneron 称这种欺诈方式难以普及，面具由专业的制造商制造，价格昂贵，工艺复杂。

还好这种技术不能普及，对我们普通人没什么影响。而且，针对诈骗的防御技术一直在进步。

虽然防御技术在进步，但是如果诈骗技术也升级了呢？

新闻案例

2024 年 5 月，某网安部门侦破一起新型 AI 技术诈骗案。该团伙获取了用户正面的面部照片、手机号、银行卡号，利用 AI 软件将人脸图片做成了能通过面部识别的验证视频，转走了用户银行卡里的钱。

小美,你这算乌鸦嘴吗?

都在意料之中,我这是发挥了预测能力。

根据过往经验来看,成熟的技术都是从不成熟阶段发展而来的。小美基于过去案例做的这种"预测",相当于机器学习里的"监督学习"。

我觉得他们已经偏离重点了,我们还是担心一下银行卡的安全吧。

我明天就去银行把所有银行卡的面部识别转账功能都关闭了,以后我们家的大额转账必须用卡和密码在银行柜台办理。

看来以后不能在网上轻易晒咱们家人的照片了,特别是正面照!

新闻案例

某人民法院披露的一份判决书中显示，有不法分子获取他人信息制作"3D人脸动态图"，破解了人脸识别认证系统后登录支付软件，转移资金2.4万余元。最终，参与人员全部获刑，最高者判处有期徒刑六年六个月。

小乐、小美，如果你们接到一个视频电话，"我"在视频里说我拎了很多东西，让你们下楼去接我，你们会去吗？

当然会呀！展示我力量的时刻到了！

（妈妈专门问了，那肯定设置了小陷阱。）
我不会去。

坏人已经可以用照片合成的视频骗过面部识别系统，要是视频里面的我也是坏人用照片合成的，你们能分清吗？

（糟糕，中计了！）

那妈妈，我们商量一个暗号吧，以后碰接头暗号来相认。比如：天王盖地虎，上山打老虎。

哈哈哈，可以，可以！

小美很谨慎，小乐也很会想办法哦。

保护你在虚拟世界中的隐私

除了要保护我们在现实世界中的生物信息外，我们在线上的网页浏览记录、电脑文件，这些探索虚拟世界时留下的足迹也应当注意保护。

例如，你用公共电脑上网时浏览了一部漫画，又没有清理电脑使用痕迹，就可能被下一位使

（DALL·E 3 生成）

用电脑的人看到。如果他是一个别有用心的人，他就可以投其所好，装作他也喜欢这部漫画，趁机接近你。实际上，他可能之前根本没有看过这部漫画，只是在欺骗你。

当我们使用公共电脑（如使用校园电脑或借用他人电脑）浏览信息时，如何保护我们的隐私，不让其他人看到我们的浏

览记录呢？

这里有以下几种方法，下次可以试一试哦。

- 使用隐私模式：使用浏览器时，可以启动隐私模式（又称为无痕窗口），这样就能不留下你的浏览记录啦。 
- 清除浏览记录：在使用完公共电脑后，可以在浏览器的"设置"中清除浏览记录、缓存和Cookie。
- 不保存密码，退出登录账号：在使用公共电脑时，注意不要保存密码；如果你登录了某个网站，那在离开前还要退出账号。

还有自己家使用的旧电脑。这里面存储了很多咱们家的信息和我的工作文件，换新电脑的时候，注意要把旧电脑清理干净。

那手机和平板电脑也要注意。

新闻案例

北京拟出台规范，解决好电子产品回收隐私安全

近日，北京市市场监管局发布的废弃电器电子产品回收规范征求意见稿提出，回收废旧手机、电脑等涉及个人隐私的电子产品时，经营者应当面清理用户个人信息，维护客户隐私权，且不得向第三方透露客户相关信息。

围绕数据安全的痛点，去年国家发展改革委发布《"十四五"循环经济发展规划》，进行了积极的部署和安排，提出要保障手机、电脑等电子产品回收利用全过程的个人隐私信息安全。随着一系列措施的不断完善和各方共同努力，电子产品回收的安全隐忧有望逐渐消散。

练习 2

分析能力　　**综合能力**

你的个人信息是你的隐私，小心不要随便告诉其他人哦。

假如你和奶奶在家，听到有人敲门。你们谨慎地没有开门，而是跟对方隔着门对话。对方介绍自己是小区居委会的工作人员，要问你们一些问题。你认为下面这些信息可以提供吗？

你的姓名　　　　　□可以　□不可以　□看情况

你的身份证号码　　□可以　□不可以　□看情况

你住这里几年了	□ 可以	□ 不可以	□ 看情况
爸爸妈妈的电话号码	□ 可以	□ 不可以	□ 看情况
你父母的收入情况	□ 可以	□ 不可以	□ 看情况
你的照片	□ 可以	□ 不可以	□ 看情况
你在哪个学校上学	□ 可以	□ 不可以	□ 看情况
你就读的班级	□ 可以	□ 不可以	□ 看情况
你平常经常去的地方	□ 可以	□ 不可以	□ 看情况
你周末上什么兴趣班	□ 可以	□ 不可以	□ 看情况
爸爸妈妈的车牌号	□ 可以	□ 不可以	□ 看情况

他是真人吗

请你分辨一下，下面两张照片是真人照片还是 AI 合成的呢？

在互联网世界里，你从屏幕上看到的人真的长成这样吗？甚至，你对面的谈话对象是真实存在的吗？

我们要保持警惕！

♥ 关闭美白、关闭磨皮、关闭瘦脸……也许你会发现失去滤镜后他的真实长相和你刚刚看到的判若两人。
- ♥ 在短视频里，你总能听到你喜欢的孙悟空的声音在售卖商品，这是孙悟空的配音演员在说话吗？不！这都是 AI 技术合成的。

在互联网世界里，没有人知道你是一条狗。
——彼得·斯坦纳（Peter Steiner）

　　AI 不仅能基于真实存在的人的形象和声音，进行模仿或改造，还可以创造出真实世界中并不存在的人物。比如，前面你分辨的两张照片都来自豆包 AI 软件，这是 AI 合成的图片，而非真人照片。

哈哈，我画的画已经可以以假乱真了。

你是怎么做到的呢？

GAN 工作原理

AI 能生成以假乱真的图像，是应用了 GAN（Generatve Adversarial Network，生成对抗网络）技术。GAN 包括两个重要部分：一个判别器和一个生成器。判别器就像一位"鉴赏师"，而生成器就像一位"画师"。

下面我们通过一个具体情境来理解 GAN 的工作原理。

现在我们的任务是画一幅真人的画像。要完成这个任务，就需要鉴赏师和画师两个角色共同努力。

（鉴赏师）  （画师）

首先，让鉴赏师学习很多真人画像，他具备了初步的鉴赏能力，但水平还不算高。

学习数据

此时画师的水平很糟糕,他画得非常差,一点都不像人。

不过,鉴赏师还是从这些很差的画中选出了几幅有点接近人像的画。

第 5 章　迎接人工智能——合作还是挑战

　　画师的作画水平虽然很糟糕,但他很聪明。根据鉴赏师挑选出来的作品,他很快就猜出来鉴赏师希望他的画更接近人像。于是他重新尝试了一些画,这些画更像人了。

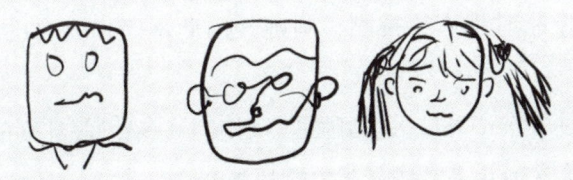

　　正当画师得意于自己的进步时,鉴赏师的水平也提高了,他变得更苛刻。这一次,鉴赏师只从这些画里选出五官、头发齐全的作品。

　　画师不气馁,按照新的要求,重新画出一批作品。

随着画作越来越逼真，鉴赏师的鉴赏能力也越来越高，他在挑选作品时越来越挑剔，画师又因此不断提升自己的绘画水平。

经过多次"对抗"，画师最终画出了一幅以假乱真的画像。此时，鉴赏师几乎无法分辨出这幅画究竟是真人还是画作。

我们一起成长，相互成就。

这个想法真好！让一个鉴赏师和一个画师互相切磋，最终达成以假乱真的效果。

第 5 章　迎接人工智能——合作还是挑战　　**235**

除了画图之外，很多对图像的"改造"也应用了 GAN 技术。比如，给我一张你现在的照片，我可以生成你老年的样子；给我一张你站立的照片，我可以生成你摆出其他姿势的样子；还有很多修图软件可以把两张照片融合成一张。

除了图片以外，音乐和视频的生成也都会用到这项技术。

（DALL·E 3 生成）

那我可以用这项技术生成妈妈的签名吗？

额……从技术上来说也许可以。但是请不要有这么危险的想法。

如果你将伪造的签名用到你的试卷签字上,我会告诉你妈妈的。

不敢不敢!

人工智能的安全标准

小乐想要伪造妈妈签名的想法是不对的。

AI 技术本身没有对错,但应用的人可以把它用在好的地方,也可以用在不好的地方。

我们有一些规定来规范我们该如何使用 AI 技术吗?

当然是有标准的。

人类在开发 AI 产品时,要先审核,看它是否满足 AI 产品的安全标准。

安全标准

行善非恶　　明确责任　　公平性　　数据保护

行善非恶——价值观对齐

AI 技术不应当用于触犯法律或不道德的事情,它应当用于帮助人们改善生活,解放劳动力。

(DALL·E 3 生成)

♥ AI+天气预报，预报更准确

预测软件使得天气预测的效率和准确性都得到提高，你知道的不是这一天的天气，而是 10min 后雨是否会停。

♥ AI+英文，学习更轻松

英文口语训练软件使用 AI 帮用户分析发音是否清楚，语法是否正确，说法是否地道。

♥ AI+电子秤，自己就能结账

只要把商品放在图像识别的电子秤上就会知道买的是什么商品，让收银员的工作更加轻松。

♥ AI 换脸进行电信诈骗

使用 AI 换脸技术可以轻松生成逼真的换脸视频，有坏人利用这一技术进行电信诈骗。

♥ AI 攻击网络安全

黑客使用 AI 技术发起更加精密和隐藏的网络攻击，窃取网站的用户数据或者勒索网络拥有者，如果不交赎金则将封锁网页并删除网页的信息。

♥ AI 制作虚假信息

通过 AI 技术制作虚假的新闻、视频和照片，散播谣言或误导公众。

第 5 章 迎接人工智能——合作还是挑战

我只是提供技术的部分，比如识别、生成模型，如何使用主要看人类自己。

对，虽然你有替我写作业的能力，但我不能让你替我做作业呀！

明确责任

如果你让我帮忙作弊被老师发现，你会受到处罚，但我不会。因为我并不知道你的目的，以为只是完成一项任务。

但是如果我们借助你的力量来行善，而你的技术不靠谱，那就是你的责任了。

好吧，也许责任应该归于开发我的工程师，以及让产品通过检测的监管部门。

当自动驾驶汽车在行驶中出现故障时,责任应当归哪一方呢?

这个问题就是我们要讨论的:明确责任。

①责任可能归驾驶员。这可能是他操作不当或者本身驾驶技术不佳所导致的事故。

②责任可能归汽车制造商。汽车故障可能是生产问题导致的,比如某个按钮按下之后不能正常回弹。

③责任可能归自动驾驶技术的软件开发商。可能是 AI 识别错误,没有"看到"和"理解",比如把前方翻倒的白色面包车认成了白云。

④**责任可能归监管机构**。监管机构需要确保自动驾驶汽车符合安全标准,应当进行充分的测试。

有时候,会发生两难决策——

谁没做好，就由谁来承担责任就好了呀。

如果你发生了判断错误，就由你的开发商来承担责任。

但是现实世界哪有这么简单呀。你知道那个"有轨电车难题"吗？

知道，"有轨电车难题"描述的是这样一个伦理困境：一辆失控的电车在轨道上飞驰，而前方的轨道上站着5个人。如果你什么都不做，这5个人将面临生命危险；但如果你选择让电车变道，另一条轨道上的1个人将因此丧命。这是一个无论选择哪种做法，都难以避免损失的两难局面。

我太"南"了

这个难题虽然刁钻,但是……现实中就是会有很小的概率发生这种怎么做都会错的事情,让我难以决策。

案例

你正在开车,你的前方突然冲出来一个追着小狗的小孩,而车子左边、右边、后面都有车辆。你会怎么办?

那遇到这种情况应该怎么办呢?

1. 我需要做出"小风险决策",尽可能降低风险。
2. 我会提醒驾驶员,让驾驶员接管车辆。
3. 我会记录下我遇到的这场危机,这样可以判断责任归属。

我们自己平时要遵守交通规则,自己小心一点儿。

公平性——远离偏见

假设你要为"猫咪之家"的流浪猫救助项目开发一款识别猫咪的 AI 软件。被识别为猫咪的小动物可以进入猫咪之家,这里有食物和水,还有猫咪的玩具。

第 5 章 迎接人工智能——合作还是挑战　　**245**

为什么要专门识别猫咪？流浪狗就不能进了吗？

猫咪有猫咪的家，小狗也有小狗的家。

这些是 AI 进行机器学习时输入的样例：

学习完毕后，我们将这个 AI 设备投入运行。

好了，我现在已经认识猫咪啦。

有一天来了一只有点儿特别的小动物……

> 它没有毛发,它是猫咪的可能性为 70%。因为可能性不足 85%,所以我判定它不是猫。

其实这只特别的小动物是"无毛猫",这是一种没有毛发的猫咪。但是很可惜,由于它太特别了,AI 无法识别,所以它不被允许进入我们的"猫咪之家"。

它明明是猫咪,但由于我们提供的学习数据不够全面或者设置的判断方式不够好,导致没有被 AI 正确识别,我们将这类问题称为"人工智能的无意识偏见"。

> 喵!开门,开门!我也是猫啊!如果我没有贪玩跑出来,我就不会流落到这个令猫伤心的境地……

肤色偏见

AI 偏见的情况在我们的生活中也会真实地发生哦。

假如你突然收到通知,今天不去学校上课,改为上网课。课堂上老师点名,要求每个人都打开摄像头,露出脸。

第 5 章　迎接人工智能——合作还是挑战　　*247*

（AI 生成）

　　但是你的房间有些凌乱，所以你并不想让大家看到你的房间……应该怎么办呢？

　　你灵机一动，想起视频课堂软件有"虚拟背景"这一功能。使用这一功能，就能将其中的人像抠出，然后将人像后面的背景替换为虚拟背景。

（抠像之后的背景变化）

　　你迫不及待地点击这个功能按钮，结果……天哪！只见画面上根本没有你的形象出现，因为软件背后的 AI 算法将你识别成了"大猩猩"！

新闻案例

谷歌仍无法识别黑人和大猩猩

8年前的种族歧视错误仍未修复

2015年,软件工程师Jacky指出,Google Photos 中的图像识别算法将他的黑人朋友归类为"大猩猩"。

对此,谷歌进行了道歉,并表示一定会解决问题。

但是经历了8年的时间,该问题并没有真正得到解决。

谷歌的做法是,尽力阻止将图像识别成大猩猩。这样即使你把大猩猩的图片给它,它也无法识别为大猩猩。

(AI 生成)

年龄偏见

除了肤色偏见之外,商业 App 在设计时也可能会有年龄偏见。

例如,在设计 App 时,将主要的用户年龄段定为 10～25 岁,那在训练 AI 时可能就不会引入 40 岁用户的样本,这样 AI 就难以处理年龄较大的用户的需求。

第 5 章　迎接人工智能——合作还是挑战　　249

妈妈，你知道吗？今天我们班要提交证件照，班上有的同学没有专门去照相馆拍照，而是在家以墙面为背景拍照，之后再用 AI 软件替换成证件照。

哦？这么有趣，让我看一看。

这个软件还有艺术照功能呢，快来试一试！

几分钟之后……

……这些艺术照一点也不像我们呀。这个软件只有小孩和年轻人的模板可以选吗？

可能软件的主要用户是年轻人吧……

以后我们设计 AI 产品时，要注意避免无意识偏见哦。

练习 3

分析能力　　**综合能力**

你认为下面这些说法是否有"偏见"？为什么？

1. 女孩子就应该报舞蹈社团，不要学计算机，学不懂的。

2. 她长得这么漂亮，就应该在合唱团里做领唱。

3. 龙生龙，凤生凤，他的父母都是名校生，他肯定聪明。

数据保护

> 现在的推销电话可真是无孔不入，一接通就疾声厉色地质问我为什么报名了课程却没有点击课程链接。
>
> 天哪，我明明没有报过这样的课！这些推销电话却装作我已经报名的样子批评我，是觉得我们这些妈妈太忙了，想要蒙混过关吗？

你的爸爸妈妈是否也经常接到一些骚扰电话？比如，明明没有报名，电话那头儿却说他们报名参加了某些课程，要求点

击指定链接。

这时候，可能就是爸爸妈妈的"姓名××，孩子××岁，电话号码×××××××××××，……"这一系列数据泄露了，甚至被倒卖了。

> **新闻案例**
>
> 某人民法院审理了一起侵犯公民个人信息的典型案例，从业人员利用职务之便侵犯公民个人信息。
>
> 法院查明，被告江某平自2000年开始从事销售业务，涉及多个行业。他未经允许擅自整理、保存客户信息，并在2008年左右开始通过网络平台收集、下载公民的各类数据信息，存储至U盘。江某平在2021年9月通过聊天群发布出售及收购公民信息的广告，一个月后被抓获。
>
> 法院发现，江某平共收集了500万条公民个人信息，包括车辆、房产、股票开户和保险等信息。
>
> 法院认定江某平的行为构成侵犯公民个人信息罪，一审判处其有期徒刑5年，并罚款3万元。

这种故意泄露信息的行为是触犯法律的，情节严重者不仅会被罚款，还会被判刑。

他的行为对于他自己而言是有利的，即通过贩卖信息获取利益；但是对于那些他曾经服务过的客户而言，却是有害的，可能会有诈骗犯因此分析这些用户数据，对用户进行针对性诈骗。

> 损人利己的事情，不要做。

> 损人不利己的事情，更不能做。

> 多做对他人有利的事，别人也会回报你的。

人工智能时代，需要使用大量数据才能训练出聪明的 AI。为了获得这些数据，有的是花钱购买，也有的是将收费的项目免费开放给用户，在用户使用该软件的时候记录用户的行为，从而作为 AI 产品的训练数据。

如果你是新注册用户，网页或软件经常会让你同意一些篇幅十分长并且有些难懂的协议，如果不同意，就不能使用网页或软件。

想想看，这合理吗？

新闻案例

2023 年 3 月 31 日，意大利政府突然下令封禁 ChatGPT，并指控 OpenAI "非法收集个人数据"。大约一个月后，OpenAI 表示这一问题已经成功地"解决或澄清"，ChatGPT 才恢复在意大利的使用。

国家互联网信息办公室2023年9月6日发文称，知网存在违反必要原则收集个人信息、未经同意收集个人信息等多项违法行为，责令其停止违法处理个人信息行为，并处人民币5000万元罚款。

那么，我们可以做什么呢？

你可以对电子设备（手机、电脑）或网站的"隐私与安全性"进行设置，控制自己信息对外的可见程度。

同时，要注意不要点击不明来源的链接或者扫二维码，一些恶意软件就可能藏在它们背后。

以后在街上看到那些扫二维码送玩具的活动，要控制一下自己。

（AI生成）

人工智能能代替人类吗

小乐、小美,我发现你们更换了课外学习英文的平台。从一个线上陪跑营换成了两个 AI 教学 App,这是为什么?

小智,以前参加那个线上陪跑营,我们每天要花 90min 学习英文,但是效果并不是很好。

花这么长时间,为什么效果不好呢?

听我细细讲来,我们之前参加的线上陪跑营,每天的任务分为两种:一种任务完成后没有老师检查,过程中也没有互动,我只要打开软件界面等任务内容自动播放就可以;另一种任务要求我回答问题或者朗读,过程中有互动,完成后也有老师检查。

AI老师与"陪跑营"真人老师

老师不检查的任务		老师检查的任务	
听力	10min	阅读理解	15min
写作或精读	30min	朗读	35min

参加了几天之后,那些没有老师检查的任务,我们就不认真做了。

是的,于是我们早上起来把35min的朗读做完;中午休息时间把阅读理解的题目做完;至于其他任务,就打开软件让它自己播放。

后来我们发现,对于朗读作业老师批改得并不仔细,所以朗读作业我们也不认真做了。

最后,妈妈就给我们更换了两个AI教学App来学习。基本所有的任务都有AI老师的互动,作业会得到AI老师的及时反馈。

软件 A		软件 B	
		分级阅读	
听力	10min	单词预习	5min
口语	10min	听绘本	5min
单词	5min	读绘本	10min
小故事	5min	阅读理解	5min
错题本	10min		
语法	10min		
复习	15min		

其实，之前没有好好学习，我们很愧疚呢。还好妈妈给我们换了平台。

妈妈说，那些布置了又没有反馈的任务，没有好好做不是错误，而是学习方式不好，因为没有输出就不会有输入。

那些原本由真人老师检查的任务，现在全都替换成了 AI 老师。

真人老师一个人要负责整个陪跑营的 60 个学生，当然无法关注很多细节啦。

　　而现在的学习费用只有之前的 1/5。花同样的时间、更少的钱，效果却更好了。

　　一款 AI 教学软件代替了真人老师带领的陪跑营，成为妈妈的新选择。这能表明 AI 老师比人类老师更优秀吗？

　　我觉得不是人类老师不优秀，而是人类老师太忙了。

　　他一个人要带 60 个学生，如果他每天花在朗读作业上的时间是 6h，每工作 50min 休息 10min。那么对于每个学生，他检查作业和指导的时间就只有 5min。

　　但是……我们的朗读作业光听一遍就要 3min，更别提逐一纠正问题并指导学生了。

　　别忘了，还有阅读理解作业需要处理呢！

确实是呀，如果老师只带 20 个学生，那他每次批改我的朗读作业的时候，也许能多花些时间录视频说我的发音哪里不正确，该怎么改进，那我的朗读水平就能很快提高了。

这样的话，肯定是人类老师的教学效果更好呀。

但我还是更喜欢 AI 老师，因为它没有情绪。当我发音不对的时候，如果它教了我很多次我还是学不会，它也不会生气或者对我失望。这样我学习的压力会小一些。

而且，人类老师的水平是参差不齐的，但是很容易批量复制出行为和反应一致的 AI 老师。

练习 4

假设现在要进行一场辩论赛，辩论主题是：

AI 老师比人类老师更优秀吗？

审辩思维能力

正方认为 AI 老师比人类老师更优秀，反方认为 AI 老师并不比人类老师更优秀。

①在小乐、小美学习英文的案例中，他们有哪些话能支持正方观点，有哪些话能支持反方观点？请摘录出来。

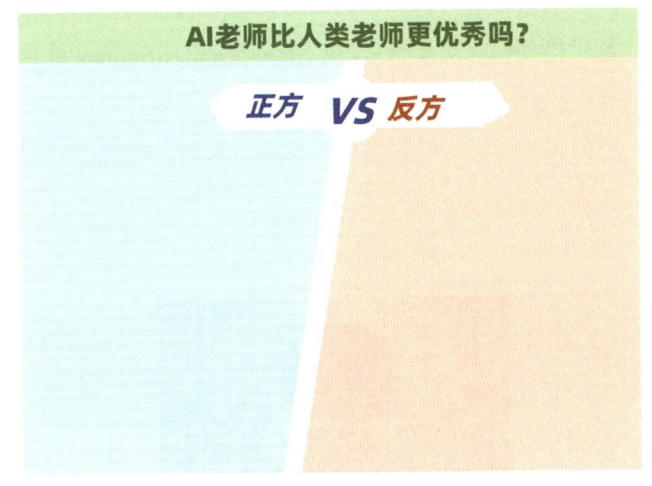

AI老师比人类老师更优秀吗？

正方 VS 反方

②对于这个辩题，你站在哪一方呢？欢迎表达你的观点，可投稿至作者邮箱：teacherAI4you@126.com。

AI 棋手与人类棋手

AI 大胜人类选手,惊动四方:

- ♥ 2016 年 3 月,AlphaGo 击败世界围棋冠军李世石;
- ♥ 2016 年 7 月,AlphaGo 在围棋网站上的排名超过柯洁,居世界第一,几天后柯洁又反超 AlphaGo 重回世界第一;
- ♥ 2017 年 5 月,升级强化版的 AlphaGo Master 与当时世界第一的柯洁比赛并赢得胜利。

AlphaGo 都战胜人类围棋选手了,我们为什么还要接着学围棋呢?交给 AI 就好了呀。

我觉得下围棋会让我在思考时多想几步，在想自己怎么下的同时也要考虑对方怎么下。

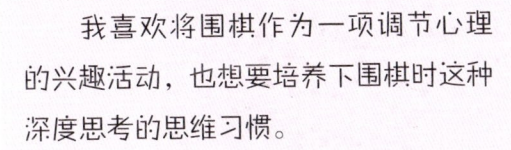

我喜欢将围棋作为一项调节心理的兴趣活动，也想要培养下围棋时这种深度思考的思维习惯。

2016年和2017年，AlphaGo和其升级版AlphaGo Master确实分别先手战胜了围棋九段棋手李世石和当时世界排名第一的柯洁，但是AI也不是不可战胜的。

新闻案例

人类业余棋手战胜AI，背后隐藏了另一位AI"大佬"。

2023年2月，据《金融时报》报道，美国业余四段棋手Kellin Pelrine成功击败了顶级围棋AI——KataGo。然而，这场胜利的背后，是一家名为FAR AI的研究公司提供的强大支持。

FAR AI通过研究发现了KataGo中的隐藏bug，一些在人类对局中很容易被识破的"冷门招式"，却让AI难以察觉其背后的威胁。在这种策略的帮助下，即使是中级水平的人类棋手，也能够击败顶级AI。

> **Man beats machine at Go in human victory over AI**
>
> Amateur Kellin Pelrine exploited weakness in systems that have otherwise dominated board game's grandmasters

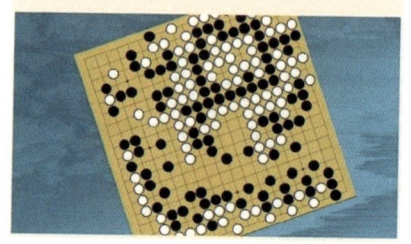

(《金融时报》的报道页面)

哈哈，如果找到了 AI 的 bug，走出一些比较新颖的棋路，我也是有机会赢 AI 的。

不过，我觉得这不算是人类的胜利，而是人类与另一个专门找 bug 的 AI 合作，才赢了 AI。

但是，这也需要一个懂围棋的人配合 AI 才能取胜。如果完全不会下围棋，即使有 AI 帮助，也无法赢得比赛。

所以，不要以为有了 AI 就什么都不用学啦，基础知识和技能还是非常重要的！

第 5 章 迎接人工智能——合作还是挑战

如何选择未来的工作岗位——在与 AI 的竞赛中扬长避短

小朋友们，再过 5～15 年，你们就要开始选择自己的职业方向啦。到那个时候，AI 已经在很多领域成为人类的好帮手了。

那么，我们应该选择怎样的职业，才能更好地发挥自己的优势，为社会做出贡献呢？

我以后要做制造 AI 产品的人，所以我现在要学编程。

小乐，其实我也会编程，所以现在一些初级的编程工作已经被我替代了，但是高级的程序员需要创造力、计算思维和复杂问题的解决能力，我还替代不了。

也许我可以做第 4 章提到的"提示工程师"的工作。让我们回顾一下这个工作需要什么能力和技能。

让我先思考！

想一想哪些职业不容易被 AI 替代呢？

回忆前面学习的内容，说说哪些是 AI 擅长 / 不擅长的事情，以及在这些事情上 AI 是如何工作的。这能为我们选择职业提供帮助。

AI 的本领　　AI 会学习　　AI 会推理　　AI 会交流

AI 需要大量数据才能学习

AI 学习需要大量的数据，如果没有数据 AI 就无法学习。

我需要数据告诉我"这是什么""有什么特征""是否有毛发"，这样才能进行监督学习；我需要数据告诉我动作，也就是"做了什么"，以及反馈，包括"奖励"和"惩罚"，这样我才能进行强化学习。

所以，你可以认识猫，你可以画画，你可以下棋，因为你获取了这些数据。但是，如果现在出现一种新型疾病，由于没有过往数据，你就束手无策了。

并且，如果数据本身是隐私数据，那就不能提供给 AI。而没有数据，AI 就没法学习了。

在医疗中，有些病人资料属于隐私信息，我拿不到数据就不能学习。

AI 对真实世界进行推理前要先进行转化

AI 在推理前要先把"真实世界"表达为 AI 能理解的"虚拟世界信息"。如果真实世界复杂多变，对 AI 而言就有些困难。

下棋时，通过棋子的坐标和颜色将棋盘转化为我能理解的信息。开车时，通过各种传感器获取周围的数据，转化为一个实时更新的虚拟赛车游戏。

其中转化棋局的难度对我而言比较小，转化车辆周边信息的难度对我而言就比较大，我暂时还没有完全攻克这个难题。

就像摘菜，蔬菜的品种很多，生长在不同地方会有些差异，就属于"复杂的真实世界"。

那理发师的工作应该也不容易被替代，每个人的头型不同、发质不同、性格不同、生活环境的空气湿度不同，这就是"复杂的真实世界"。

是的，高级的理发师能根据每个客人的情况定制发型，我暂时还不能替代。而且，要是碰到不按套路出牌的小朋友，我更是不能给他们剪头发的。

AI 要懂得人类情感、文化和习俗才能更好地与人交流

AI 目前已经能处理一些文字任务了，但主要是处理有规律的文字任务，对于涉及文化的交流就不太能胜任了。

我可以利用自然语言处理技术来进行文字处理，但是有时人类说话的方式并不标准，比如用中文表达时经常省略主语，这给我的理解增加了很大的难度。

上次我让 AI 用中国传统文化中的四个神兽编写故事，它把这四个神兽理解为四个居住在森林四个方位的普通动物了，编写的故事根本不能用。

除了文化之外，AI 也不擅长复杂的情绪安抚工作。我本想找 AI 作为心理医生聊一聊，没想到聊起比较深入的话题时，AI 还是让我去找真人的心理咨询师。

> 我可以写得很长，我可以写得很工整。
>
> 但我写的内容可能是错误的，千万别觉得我说的话就一定对哦。
>
> 我可以写小说，但暂时还难以达到一流小说家的水平；我可以写研究报告，但对人类有意义的选题还是要人类自己去发现。

练习 5

分析能力　　**综合能力**

（1）你认为以下职业在 10 年内会被 AI 取代吗？

门诊医生　　　　　　会　不会

班主任老师　　　　　会　不会

团队领导　　　　　　会　不会

心理咨询师　　　　　会　不会

家装设计师　　　　　会　不会

律师　　　　　　　　会　不会

（2）各位读者朋友，关于 AI 对未来职业的影响，你有什么

第 5 章 迎接人工智能——合作还是挑战

想表达的吗？欢迎投稿至作者邮箱：teacherAI4you@126.com。

我要表达！

（DALL·E 3 生成）

我们的收获

虽然 AI 现在在很多事情上能做得很好，但是"人类+AI"的组合还是会赢"只有 AI"的。该学习的学科，我还是要学习的。

除了提示工程师，我以后还想做企业管理者，因为我们肯定不会让 AI 来管理人类员工呀。那我现在就要做班干部，学着怎么做管理。

现在的 AI 诈骗技术太厉害了，我要把家里的大额存款放在不开通任何电子支付的卡上。

现在的手机太容易上瘾了，我已经把能卸载的软件都卸载了，需要找信息就用电脑。

我的练习题 1

练习 1

手机和翻译笔，全都会听、会说、会看。

练习 5

（2）

1	老师利用 Excel 表格的 sum 公式计算每位学生各个学科的成绩总和，并对成绩进行排名	否
2	在手机地图软件上输入目的地，系统推荐最快的路线	是
3	网易云音乐推荐给你那些和你平常听的曲风相似的歌曲	是
4	淘宝卖家设置自动回复后，对于一些常见的问题，如"发货时间""开发票"等，系统能代替人回答	否
5	智能马桶具备自动感应功能，感应到人接触时，自动开合、冲水	否
6	美图秀秀根据用户存储图片的数据，进行算法优化	是
7	自动售卖机根据用户选中的图标，给用户提供相应的饮料	否
8	超市门会在顾客靠近的时候就自动开启，并发出"欢迎光临"的声音	否

我的练习题 2

练习 1

（1）按照特征进行分类

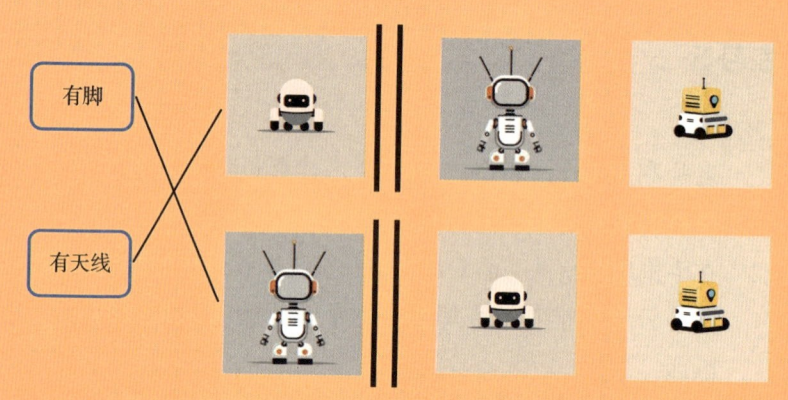

有脚 —— （连到有天线的机器人图）
有天线 —— （连到有脚的机器人图）

（2）扑克牌的分类方式有**颜色是不是红色、数字是否大于 5、花色是不是梅花**……（答案不唯一）

（3）☑ 有很多拉丝

练习 2

（1）

无监督学习 —— 机器通过对给定示例的结果和特点进行分析学习，建立规则。利用这些规则，当再给出特征时，机器就可以预测结果。

监督学习 —— 为机器提供没有答案的资料，使机器自行从资料中找出较相似的特征，建立规则，利用相似度来分成不同的群。

（2）

（答案不唯一）

练习 3

8:30—9:30　起床、吃早餐、整理
9:30—10:00　完成英文朗读作业
10:40—11:40　上思辨课
11:40—12:20　吃午餐
12:20—13:00　去公园
13:00—13:30　运动
14:00—16:00　开派对
16:30—19:30　去奶奶家

（答案不唯一）

练习 5

（1）根据已知的阶层图，将长颈鹿、斑马、狗、狐狸、鸡分成 3 群：**长颈鹿和斑马是一群，狗和狐狸是一群，鸡是一群。**

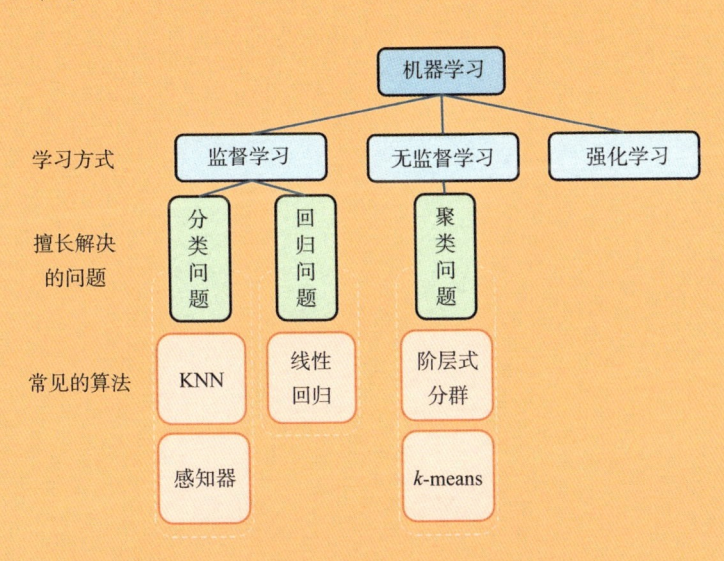

（2）

```
                           机器学习
              ┌───────────────┼───────────────┐
学习方式    监督学习        无监督学习        强化学习
          ┌────┬────┐         │
擅长解决  分类  回归        聚类
的问题    问题  问题        问题

常见的算法 KNN  线性        阶层式
               回归         分群

          感知器            k-means
```

我的练习题 3

练习 1

（1）

```
            它有脊椎吗?
         Y /        \ N
   它有鳞片吗?        它有翅膀吗?
   Y /    \ N        Y /    \ N
   鱼   它是肉食动物吗?  蜻蜓   水母
         Y /    \ N
        狐狸   它是鸟吗?
              Y /    \ N
             鸽子    大象
```

（答案不唯一）

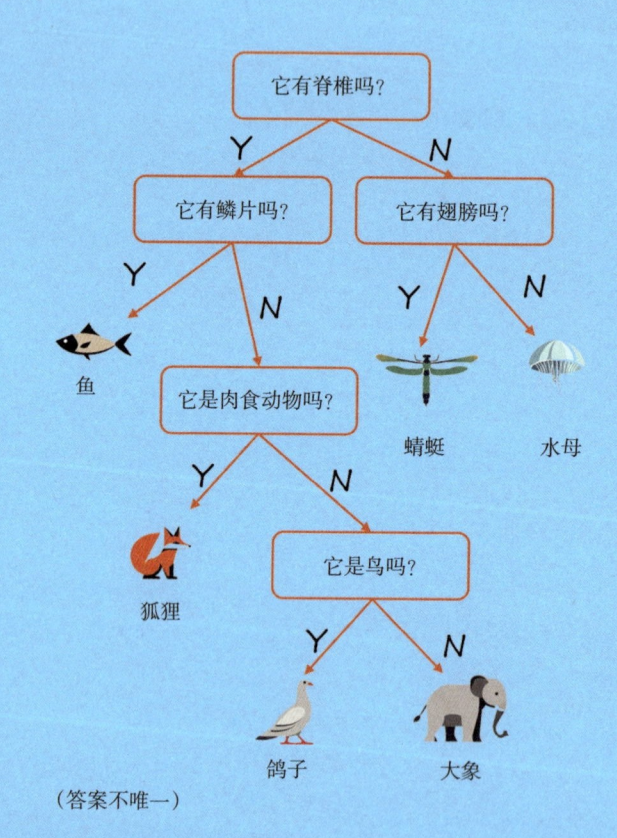

（2）

练习2

先绘制这个残局的博弈树，进行推理。

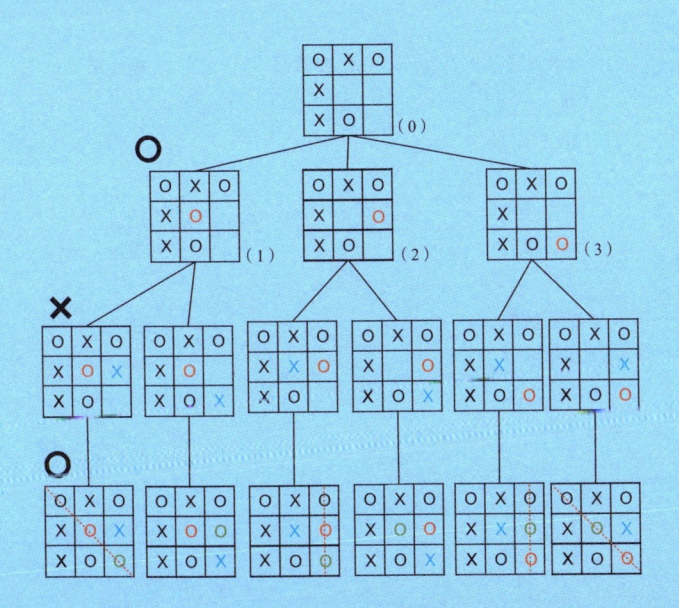

从决策树可知，我应该落子在如下位置：

O	X	O
X		
X	O	O

练习 3

（1）神经网络由<u>输入层</u>、<u>隐藏层</u>、<u>输出层</u>3层构成。

（2）假设下雨为 x_1，下雪为 x_2：

如果只下雨不下雪，那么 x_1=（ 1 ），x_2=（ 0 ），x_1+x_2=（ 1 ）。

$x_1+x_2>0$ 成立吗？（☑ 成立）

因此，应该输出（☑ 1），即（☑ 打伞）。

练习 4

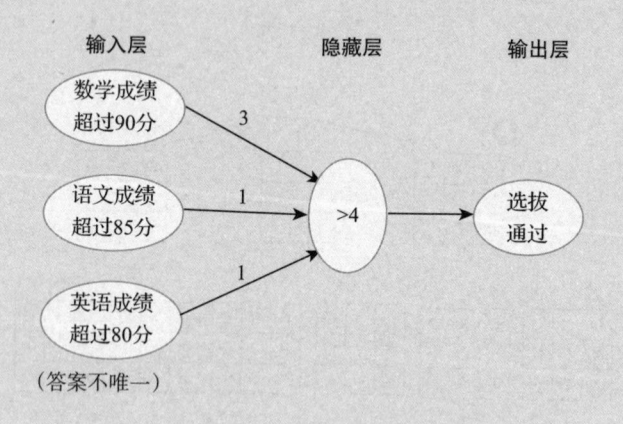

（答案不唯一）

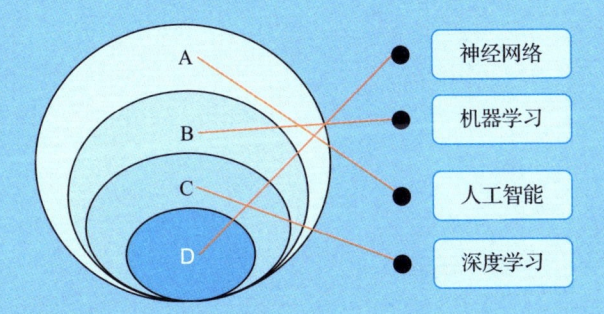

练习 5

- A —— 人工智能
- B —— 机器学习
- C —— 神经网络
- D —— 深度学习

我的练习题 4

练习 3

（1）

①

"苹果"的含义	扩展句子
水果	他喜欢吃苹果。
手机的品牌	他喜欢苹果，他是乔布斯的粉丝。

②

"云"的含义	扩展句子
天空中的云	孙悟空将师父传到云上，躲避地面的追踪。
电子云端	我先把这个视频传到云上，然后给你发链接。

（2）

大前提	所有的塑料垃圾都会污染海洋，不能扔进海洋里。
小前提	塑料袋是塑料垃圾。
结论	塑料袋会污染海洋，不能扔进海洋里。

大前提	我们每天都应当吃新鲜的蔬菜和水果。
小前提	今天虽然是你的生日，但也属于"每天"的范围。
结论	你的生日也应当吃新鲜的蔬菜和水果。

我的练习题 5

练习 2

你的姓名	☐ 可以	☑ 不可以	☐ 看情况
你的身份证号码	☐ 可以	☑ 不可以	☐ 看情况
你住这里几年了	☐ 可以	☑ 不可以	☐ 看情况
爸爸妈妈的电话号码	☐ 可以	☑ 不可以	☐ 看情况
你父母的收入情况	☐ 可以	☑ 不可以	☐ 看情况
你的照片	☐ 可以	☑ 不可以	☐ 看情况
你在哪个学校上学	☐ 可以	☑ 不可以	☐ 看情况
你就读的班级	☐ 可以	☑ 不可以	☐ 看情况
你平常经常去的地方	☐ 可以	☑ 不可以	☐ 看情况
你周末上什么兴趣班	☐ 可以	☑ 不可以	☐ 看情况
爸爸妈妈的车牌号	☐ 可以	☑ 不可以	☐ 看情况

全部都不可以提供，如果对方真的是小区居委会的工作人员，则可以通过正规渠道，从已有的居民记录中获取居民信息，通常不会不知道你的名字和身份证号码，更不会询问你关于父母收入、兴趣班等隐私问题。

练习 3

1. 女孩子就应该报舞蹈社团,不要学计算机,学不懂的。 ✓
2. 她长得这么漂亮,就应该在合唱团里做领唱。 ✓
3. 龙生龙,凤生凤,他的父母都是名校生,他肯定聪明。 ✓

在生活中,这三种说法都是存在偏见的,犯了以偏概全的逻辑错误。

练习 4

AI老师比人类老师更优秀吗?

正方(是):
人类老师的水平参差不齐,AI老师可以批量复制。

AI老师没有情绪,工作压力小,学生的学习压力也会小。

反方(否):
人类老师辅导的学员少的话,则可以针对问题进行细致指导,学生的学习效果会更好。

(答案不唯一)

练习 5

（1）

门诊医生	不会
班主任老师	不会
团队领导	不会
心理咨询师	不会
家装设计师	不会
律师	不会

上面列举的 6 种职业均不容易被 AI 完全取代。

因为这些工作涉及**数据保密、真实世界复杂任务、人类情感、社会文化习俗**，某一职业如果涉及其中的一点或多点，则不容易被 AI 取代，但 AI 可以为其提供辅助。